职业教育"十三五"
数字媒体应用人才培养规划教材

Photoshop CS6
实用教程

第 3 版 | 微课版

张剑清 刘杰 刘秀翠 / 主编

人民邮电出版社

北 京

图书在版编目（CIP）数据

Photoshop CS6 实用教程：微课版 / 张剑清，刘杰，
刘秀翠主编. -- 3版. -- 北京：人民邮电出版社，
2021.1
职业教育"十三五"数字媒体应用人才培养规划教材
ISBN 978-7-115-54531-2

Ⅰ. ①P… Ⅱ. ①张… ②刘… ③刘… Ⅲ. ①图象处
理软件－职业教育－教材 Ⅳ. ①TP391.413

中国版本图书馆CIP数据核字(2020)第137636号

内　容　提　要

本书系统地介绍了 Photoshop CS6 的理论知识、基本使用方法、操作技巧和实践案例。

全书共分 11 章，内容包括基本概念与基本操作，文件操作与颜色设置，选择与移动图像，绘画工具与编辑图像命令，图像的修复与修饰，路径与 3D 工具的应用，文字工具与切片的应用，图层、蒙版与通道，色彩校正，滤镜，打印图像，系统优化与动作。

本书在讲解工具和命令的同时，穿插了操作性和实践性很强的小案例及综合性的案例，使读者能够在理解工具和命令的基础上边学边练。每章后面都有精心安排的习题，帮助读者巩固并检验本章所学知识。

本书内容翔实，图文并茂，操作性强，大部分案例是作者本人的实战作品，更具有实践说服力。本书适合作为高职高专院校教材，也可以作为美术设计爱好者的工具书。

◆ 主　　编　张剑清　刘　杰　刘秀翠
　　责任编辑　马小霞
　　责任印制　王　郁　马振武

◆ 人民邮电出版社出版发行　　北京市丰台区成寿寺路 11 号
　　邮编　100164　　电子邮件　315@ptpress.com.cn
　　网址　https://www.ptpress.com.cn
　　北京天宇星印刷厂印刷

◆ 开本：787×1092　1/16
　　印张：14.75　　　　　　　　2021 年 1 月第 3 版
　　字数：371 千字　　　　　　 2025 年 1 月北京第 6 次印刷

定价：49.80 元

读者服务热线：(010)81055256　印装质量热线：(010)81055316
反盗版热线：(010)81055315
广告经营许可证：京东市监广登字 20170147 号

前言　　　　Preface

Photoshop 是 Adobe 公司旗下的图像处理软件，集图像扫描、编辑修改、图像制作、广告创意、3D 后期、图像输入与输出于一体，深受广大平面设计人员和美术爱好者的喜爱。

Adobe Photoshop CS6 是专业平面设计、3D 后期制作和 Web 设计的理想工具。Photoshop CS6 支持宽屏显示器的新式版面，拥有集 20 多个窗口于一身的 Dock、占用面积更小的工具栏、更易调节的选择工具、智能的滤镜、改进的消失点特性，以及多张照片自动生成全景、灵活的黑白转换、更好的 32 位 HDR 图像支持等功能。它强大的图像处理功能，可以使设计者对位图图像进行自由创作。为了帮助高职高专院校的教师比较全面、系统地讲授这门课程，使学生能熟练地使用 Photoshop CS6 来进行图像处理及创作，我们几位长期在高职高专院校从事艺术设计教学工作的教师共同编写了本书。

本书全面贯彻党的二十大精神，以社会主义核心价值观为引领，传承中华优秀传统文化，坚定文化自信，使内容更好地体现时代性、把握规律性、富于创造性。

本书针对高职高专院校软件教学的一线实际情况，从软件的基本操作入手，深入浅出地讲述了 Photoshop CS6 的基本功能、使用技巧、实践操作等。在讲解工具和菜单等理论知识的同时，列举了各种形式的实践案例对其进行补充和完善，让读者更容易看懂、会做、能做，让读者将创意与 Photoshop CS6 软件完美结合，这是本书所特有的写作思路。

为便于读者学习，本书配备了内容丰富的教学资源包，其中包括本书用到的所有素材和案例的最终效果。读者可登录人民邮电出版社人邮教育社区（www.ryjiaoyu.com），免费下载资源包来使用。

本课程的教学时长为 72 学时，各章的教学课时可参考以下学时分配表。

前 言　Preface

章	课程内容	学时分配	
		讲 授	实践训练
第 1 章	基本概念与基本操作	2	2
第 2 章	文件操作与颜色设置	2	2
第 3 章	选择与移动图像	3	3
第 4 章	绘画工具与编辑图像命令	4	4
第 5 章	图像的修复与修饰	4	5
第 6 章	路径与 3D 工具的应用	3	4
第 7 章	文字工具与切片的应用	3	3
第 8 章	图层、蒙版与通道	5	7
第 9 章	色彩校正	2	4
第 10 章	滤镜	2	4
第 11 章	打印图像、系统优化与动作	2	2
学 时 总 计		32	40

　　本书由张剑清、刘杰、刘秀翠编著，在烦杂的编写工作中得到了孔祥羽、王曼璐、孟娜的大力支持和参与，在此表示衷心的感谢。

　　由于编者水平有限，书中难免存在疏漏和不妥之处，敬请广大读者批评指正。

编者

2023 年 5 月　于青岛

目录

Contents

目 录 Content

目 录

目 录

目录

目 录

第1章
基本概念与基本操作

在 Adobe 公司出品的图形、图像处理软件中，Photoshop CS6 版本的功能更强大、操作更灵活，为用户提供了更为广阔的创作空间，使平面设计工作更加方便、快捷。用户通过它可实现便捷的文件数据访问、流线型的 Web 设计和专业品质的照片润饰等功能，可创造出精美的影像世界。

本章将主要介绍 Photoshop CS6 的应用领域、基本概念和 Photoshop CS6 的界面及简单的操作等内容。

1.1 叙述约定

屏幕上的鼠标指针表示鼠标所处的位置。鼠标移动时，屏幕上的鼠标指针就会随之移动。鼠标指针形状是一个左指向的箭头 ꙮ。在 Photoshop CS6 的操作中，会用到鼠标的 5 种基本操作。为了叙述方便，本书约定如下。

◎ 移动：在不按鼠标键的情况下移动鼠标，将鼠标指针指到某一位置。

◎ 单击：快速按下并释放鼠标左键。单击可用来选择工具、执行命令等，除非特别说明，否则，以后所出现的单击都是指用鼠标左键。

◎ 双击：快速、连续地单击鼠标左键两次。双击通常用于打开对象。除非特别说明，否则，以后所出现的双击都是指用鼠标左键。

◎ 拖曳：按住鼠标左键并移动鼠标指针到一个新位置，然后，释放鼠标左键。拖曳可用来绘制选框、绘制图形、移动图形及复制图形等。除非特别说明，否则，以后所出现的拖曳都是指按住鼠标左键。

◎ 右击：快速按下并释放鼠标右键。这个操作通常用于打开一个快捷菜单。

1.2 Photoshop CS6 的应用领域

Photoshop CS6 的应用范围非常广泛，从修复照片到制作精美的图片，从打印输出到上传到 Internet，从设计简单图案到专业平面或网页设计，该软件都可优质、高效地帮助用户完成每项工作。

1.2.1 Photoshop 的用途

Photoshop 的应用领域主要有平面设计、网页设计、包装设计、CIS 企业形象设计、装潢设计、印刷制版、动漫形象及影视制作等。

1.2.2 案例赏析

下面是利用 Photoshop 绘制的作品，希望能够提高读者对 Photoshop 软件的理解和学习兴趣。

（1）标志设计，如图 1-1 所示。

图 1-1　标志设计

（2）艺术字体设计，如图 1-2 所示。

图 1-2　艺术字体设计

（3）卡通形象和吉祥物设计，如图1-3所示。

图1-3　卡通形象和吉祥物设计

（4）插画绘制，如图1-4所示。

图1-4　插画绘制

（5）老照片翻新处理，效果如图1-5所示。

图1-5　老照片翻新处理

（6）照片个性色调调整，效果如图1-6所示。

图1-6　照片个性色调调整

（7）数码照片合成，效果如图1-7所示。

图1-7　数码照片合成

（8）结合【滤镜】命令制作的各种特效，如图 1-8 所示。

图 1-8　结合【滤镜】命令制作的各种特效

（9）各种造型的鼠绘作品，如图 1-9、图 1-10 和图 1-11 所示。

图 1-9　鼠绘作品 1

图 1-10　鼠绘作品 2　　　　　　　图 1-11　鼠绘作品 3

（10）广告设计，效果如图 1-12 所示。

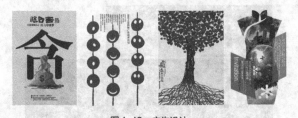

图 1-12　广告设计

（11）网页设计，效果如图 1-13 所示。

图 1-13　网页设计

（12）包装设计，效果如图 1-14 所示。

图 1-14　包装设计

1.3　基本概念

学习并掌握 Photoshop 的基本概念，是深刻理解该软件的性质和功能的基础。本节讲解的基本概念包括位图和矢量图、像素与分辨率、图像尺寸、图像文件的大小、颜色模式及常用的文件格式等。

1.3.1　位图和矢量图

平面设计软件制作的图像类型大致分为两种：位图与矢量图。Photoshop 不能编辑矢量图，但其在处理位图方面的能力是其他软件不能及的，这也正是它的成功之处。

1. 位图

位图图像在技术上被称为栅格图像。Photoshop 在处理位图时所编辑的是像素，而不是对象或形状。位图图像与分辨率有关，因此，如果用户在屏幕上以放大比例或以低于创建时的分辨率来打印它们，其中的细节就将丢失，进而使图像产生锯齿现象，如图 1-15 所示。

图 1-15　位图图像小图与放大后的显示效果对比

◎ 位图图像的优点

通过位图，人们能够制作出色彩和色调变化丰富的图像，可以很容易地在不同软件之间交换文件。

◎ 位图图像的缺点

用户无法通过位图制作真正的 3D 图像，因为位图在被缩放和旋转时，会产生失真现象。当文件较大时，其对内存和硬盘空间容量的需求较高。用数码相机和扫描仪获取的图像都属于位图。

2. 矢量图

矢量图也称作矢量形状或矢量对象。矢量图可以被任意移动或修改，而不会丢失细节或影响清晰度。矢量图与分辨率无关。矢量图放大时可保持清晰的边缘，如图 1-16 所示。因此，在各种印刷输出中，矢量图是最佳的选择。

图 1-16　矢量图的小图和放大后的显示对比效果

◎ 矢量图的优点。

矢量图文件所占容量较小，可以进行放大、缩小或旋转等操作且不会失真，精确度较高并可以制作 3D 图像。

◎ 矢量图的缺点

不易制作色调丰富或色彩变化多的图像，绘制出的图形不是很逼真，不易在不同的软件间交换文件。制作矢量图的软件主要有 CorelDRAW、Illustrator、InDesign 等。

1.3.2　像素和分辨率

像素与分辨率是 Photoshop 中最常用的两个概念。像素与分辨率的设置决定了文件的大小及图像的质量。

1. 像素

像素（Pixel）是用来计算数字影像的一种单位。屏幕的分辨率越高，像素就越大，像素是组成数码图像的最小单位。

2. 分辨率

分辨率（Resolution）是数码影像中的一个重要概念。图像分辨率的单位是 PPI（Pixel Per Inch），意思是"每英寸所表达的像素数目"。另外，还有一个概念是打印分辨率，它的使用单位是 DPI（Dot Per Inch），意思是"每英寸所表达的打印点数"。PPI 只存在于屏幕的显示领域，而 DPI 只出现于打印或印刷领域。

分辨率越高的图像包含的像素就越多，图像文件长度也就越大，能非常好地表现出图像丰富的细节，但会增加文件的大小，也需要耗用更多的计算机内存资源并占用更大的硬盘存储空间等。而分辨率越低的图像包含的像素就越少，图像也就越粗糙，在排版、打印后，也会非常模糊。在图像处理过程中，用户必须根据图像的最终用途选用合适的分辨率，在能够保证输出质量的情况下，尽量选用更低的分辨率，避免因为分辨率过高而占用更多的计算机资源。

1.3.3　图像尺寸

图像尺寸指的是图像文件的宽度和高度尺寸。根据图像的不同用途，图像尺寸可以用"像素""英寸""厘米""毫米""点""派卡"和"列"等单位来度量。在 Photoshop 中，图像像素是直接转换为显示器像素的，当图像的分辨率比显示器的分辨率高时，图像显得比指定的尺寸大。

1.3.4 图像文件的大小

图像文件的大小由计算机的基本存储单位——字节（Byte）来度量。因为图像的颜色模式不同，所以，图像中每一个像素所需要的字节数也不同。

一个具有 300 像素×300 像素的图像，在不同颜色模式下文件的大小计算如下。

灰度图像：300×300=90 000Byte=90KB

RGB 图像：300×300×3=270 000Byte=270KB

CMYK 图像：300×300×4=360 000Byte=360KB

1.3.5 颜色模式

图像的颜色模式是指图像在显示及打印时定义颜色的不同方式。颜色模式主要有 RGB 颜色模式、CMYK 颜色模式、Lab 颜色模式、灰度颜色模式、位图颜色模式和索引颜色模式等。

1. RGB 颜色模式

RGB 颜色模式是屏幕显示的最佳颜色模式。该颜色模式下的图像是由红（R）、绿（G）、蓝（B）3 种基本颜色组成的。显示器、扫描仪、电视等设备的屏幕都采用这种颜色模式。

2. CMYK 颜色模式

CMYK 颜色模式下的图像是由青色（C）、洋红（M）、黄色（Y）、黑色（K）这 4 种颜色构成的。CMYK 颜色模式一般用于彩色图像的打印或印刷输出。

3. Lab 颜色模式

Lab 颜色模式是 Photoshop 的标准颜色模式，特点是在使用不同显示器或打印设备时显示的颜色都是相同的。

4. 灰度颜色模式

灰度颜色模式下图像中像素颜色用一个字节来表示，一幅灰度图像在转变成 CMYK 颜色模式后可以增加色彩。如果将 CMYK 颜色模式的彩色图像转换为灰度颜色模式，颜色就不能恢复。

5. 位图颜色模式

位图颜色模式下图像中的像素用一个二进制位表示，即由黑和白两种颜色组成。

6. 索引颜色模式

索引颜色模式下图像中的像素颜色用一个字节来表示，像素只有 8 位/通道，最多可以包含 256 种颜色。这种模式的图像质量不高，一般适用于多媒体动画制作中的图片或 Web 页中的图像。

1.3.6 常用的文件格式

了解各种文件格式对进行图像编辑、保存及文件转换有很大的帮助。

◎ PSD 格式：此格式是 Photoshop 的专用格式。它能保存图像数据的每一个细节，包括图像的层、通道等信息，确保各层之间相互独立，便于以后进行修改。

◎ JPEG 格式：此格式是较常用的图像格式，支持真彩色、CMYK、RGB 和灰度颜色模式，但不支持 Alpha 通道。

◎ TIFF 格式：此格式是一种灵活的位图图像格式，是除了 Photoshop 自身格式外，唯一能存储多个通道的文件格式。

◎ AI 格式：此格式是一种矢量图像格式，在 Illustrator 中经常被用到。

1.4　Photoshop CS6 界面

在计算机中安装好 Photoshop CS6 后，单击桌面任务栏中的开始按钮 ，在弹出的菜单中依次选择【所有程序】/【Adobe Photoshop CS6】命令，启动该软件。

1.4.1　Photoshop CS6 界面布局

启动 Photoshop CS6 之后，在工作区中打开一幅图像，默认的界面布局如图 1-17 所示。

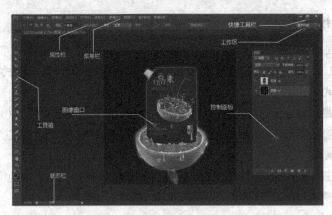

图 1-17　界面布局

Photoshop CS6 的界面按其功能可分为菜单栏、快捷工具栏、属性栏、工具箱、控制面板、图像窗口、状态栏和工作区几部分。下面介绍各部分的功能和作用。

1. 菜单栏

菜单栏中包括【文件】、【编辑】、【图像】、【图层】、【选择】、【滤镜】、【视图】、【窗口】和【帮助】菜单。单击任意菜单名将弹出相应的菜单，其中包含若干个子命令，可执行相应的操作。

2. 快捷工具栏

快捷工具栏用于显示软件名称、各种快捷按钮和当前图像窗口的显示比例等。 按钮中的 按钮用于控制界面的显示大小， 按钮用于退出 Photoshop CS6。

3. 属性栏

属性栏用于显示当前选择的工具按钮的参数和选项设置。

4. 工具箱

工具箱中包含各种图形绘制和图像处理工具。

5. 控制面板

控制面板用于对当前图像的色彩、大小及相关操作等进行设置或控制。

6. 图像窗口

图像窗口是表现和创作作品的主要区域。Photoshop CS6 允许同时打开多个图像窗口。

7. 状态栏

状态栏用于显示图像当前显示比例和文件大小等信息。

8. 工作区

工作区是指 Photoshop CS6 工作界面中的大片灰色区域，工具箱、图像窗口和各种控制面板都在工作区内。

> 在绘图过程中，可以将工具箱、控制面板和属性栏隐藏，以将它们所占的空间用于图像窗口的显示。按键盘上的 Tab 键，可以将工作界面中的属性栏、工具箱和控制面板同时隐藏；再次按 Tab 键，可以使它们重新显示出来。

1.4.2　工具箱

工具箱位于界面的左侧，包含 Photoshop CS6 的各种图形绘制和图像处理工具，单击工具箱中最上方的 ▶▶ 按钮，可以将工具箱转换为单列或双列显示。

绝大多数工具按钮的右下角带有黑色的小三角形，按住鼠标左键不放或单击鼠标右键，隐藏的工具即可显示出来，如图 1-18 所示。

工具箱及其所有隐藏的工具按钮如图 1-19 所示。

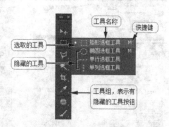

图 1-18　展开的工具组

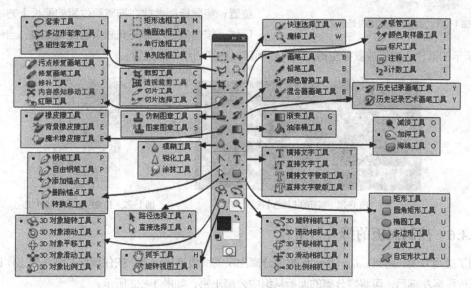

图 1-19　工具箱及其所有隐藏的工具按钮

1.4.3　窗口大小的调整

单击 Photoshop CS6 快捷工具栏右边的 ▬ 按钮，可以使工作界面变为最小化图标状态。在 Windows 系统的任务栏中单击最小化后的图标后，工作界面将还原为最大化显示。

单击快捷工具栏右侧的 ❐ 按钮，可以调整窗口为还原状态，❐ 按钮即变为 ❏ 形态，单击该按钮可以使还原后的窗口最大化显示。单击 ✕ 按钮，可以将当前窗口关闭，退出 Photoshop CS6。

1.4.4 控制面板的显示与隐藏

在【窗口】菜单名上单击将弹出菜单。该菜单中包含了 Photoshop CS6 的所有控制面板。左侧带有 ✔ 符号的命令表示该控制面板已在工作区中显示；左侧不带 ✔ 符号的命令表示该控制面板未在工作区中显示，每一组控制面板都包含两个以上的选项卡。

单击快捷工具栏中的 基本功能 、 设计 、 绘画 或 摄影 按钮，可快速切换至相应的工作区，并显示相关的控制面板，单击 ▸ 按钮，可在弹出的下拉菜单中选择相应的其他工作区。

1.4.5 控制面板的展开与折叠

在控制面板上方的深灰色区域上双击，可将显示的控制面板折叠，再次单击即可将其展开；在每个面板组上方的灰色区域双击，可将该面板组最小化显示，再次单击，可将该面板组展开。控制面板的折叠及最小化形态如图 1-20 所示。

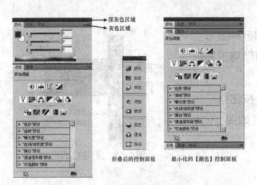

图 1-20 控制面板的折叠及最小化形态

单击已折叠控制面板的按钮可将该面板展开，如单击 ■ 颜色 按钮，展开的【颜色】面板如图 1-21 所示；再次单击该按钮可将展开的面板折叠。

将鼠标指针放在面板组上方的灰色区域，按住鼠标左键并向工作区中拖曳，可将控制面板拖离默认的位置；将鼠标指针放在拖离原位置的面板上方的灰色区域，按住鼠标左键并向原来的位置拖曳，当出现图 1-22 所示的蓝色线时释放鼠标左键，可将控制面板移回到原来的位置。

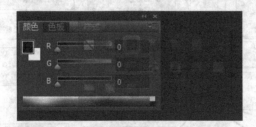

图 1-21 展开的【颜色】面板

图 1-22 拖曳控制面板时的状态

1.4.6 控制面板的拆分与组合

为了使用方便，将鼠标指针移动到需要分离出来的面板选项卡上，按住鼠标左键并向工作区中拖曳，释放鼠标左键后，可将需分离的面板从组中分离出来，如图 1-23 所示。

图 1-23 分离控制面板的操作过程示意图

控制面板分离出后还可重新组合成组，将鼠标指针移到分离出的【样式】面板选项卡上，按住鼠标左键并向【颜色】面板组名称右侧的灰色区域拖曳，出现蓝色边框时释放鼠标左键，即可将【样式】面板和【颜色】面板组重新组合，如图 1-24 所示。

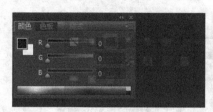 

图 1-24　合并控制面板的操作过程示意图

1.5　综合案例——制作图案

微课 1
制作图案

该综合案例制作一只小鸟图案。该案例作为第一个实践操作对于初学者来说较难，主要是为了让读者熟悉相关操作。读者按照操作步骤一步步地操作，一定可以完成本案例的制作。

🔑 制作图案

步骤❶ 执行【文件】/【打开】命令（或按 Ctrl+O 组合键），将弹出【打开】对话框。在该对话框上方的【查找范围】选项窗口中选择本书的教学资源包文件夹，找到"图库\第 01 章"目录下的"小鸟.jpg"文件。

步骤❷ 单击 打开(O) 按钮，即可将该文件在工作界面中打开，如图 1-25 所示。

步骤❸ 单击菜单栏中的【图层】菜单，依次选择【新建】/【背景图层】命令，弹出图 1-26 所示的【新建图层】对话框，单击 确定 按钮，将背景层转换成"图层 1"。

图 1-25　打开的文件　　　　　　　　　图 1-26　【新建图层】对话框

步骤❹ 选择工具箱中的魔棒工具 ，设置属性栏中的【容差】为"10"，不勾选【连续】复选项。

步骤❺ 在"小鸟.jpg"文件的白色背景区域单击，将白色背景选中，如图 1-27 所示。

步骤❻ 按 Delete 键，删除选择的背景色，效果如图 1-28 所示。

图 1-27　选择的背景　　　　图 1-28　删除白色背景后的效果

步骤⑦ 执行【选择】/【取消选择】命令（或按 Ctrl+D 组合键），将选区去除。

步骤⑧ 执行【图像】/【图像大小】命令，弹出【图像大小】对话框，先把文件的尺寸参数改小，如图 1-29 所示，再单击 确定 按钮。这样，在后面的操作步骤中定义并填充图案后，会在较小的文件中填充出多个图案。

图1-29 【图像大小】对话框

步骤⑨ 执行【编辑】/【定义图案】命令，在弹出的【图案名称】对话框中单击 确定 按钮，将小鸟定义为图案，然后关闭该文件，注意不要存储文件。

步骤⑩ 执行【文件】/【新建】命令（或按 Ctrl+N 组合键），弹出【新建】对话框，设置各选项及参数，如图 1-30 所示。然后，单击 确定 按钮，创建一个图像文件。

步骤⑪ 按 F6 键，打开【颜色】面板，设置颜色参数，如图 1-31 所示。

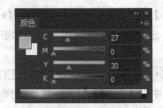

图1-30 设置的新建文件尺寸   图1-31 设置的颜色参数

步骤⑫ 按 Alt+Delete 组合键，将设置的颜色填充到新建文件的背景层中。

步骤⑬ 单击【图层】面板中的 按钮，新建"图层 1"，如图 1-32 所示。

步骤⑭ 选择自定形状工具 ，在属性栏中设置 图案 选项，单击 按钮，在弹出的【图案选择】面板中选择定义的图案，如图 1-33 所示。

图1-32 新建的图层   图1-33 【图案选择】面板

步骤⑮ 将鼠标指针移动到文件中，单击鼠标，即可用自定义的小鸟图案填充画面，如图 1-34 所示。

步骤⑯ 执行【文件】/【存储】命令（或按 Ctrl+S 组合键），在弹出的【存储为】对话框中单击【保存在】选项右侧的窗口，选择一个合适的保存路径，再将【文件名】选项修改为"图案"。

步骤⑰ 单击 保存(S) 按钮，即可将此文件另存为"图案.psd"。

图 1-34 填充的图案

小结

本章主要介绍了 Photoshop CS6 的应用领域、有关平面设计的一些基础知识和操作界面及各组成部分的功能，最后，通过制作一只小鸟图案来让读者了解利用该软件制作图像的方法。通过本章的学习，读者应对 Photoshop CS6 有一个总体的认识，并能够掌握界面中各部分的功能，为后面章节的学习打下良好基础。

习题

1. 练习 Photoshop CS6 软件的启动及控制面板的拆分与组合，熟悉工具箱中显示及隐藏的工具按钮，以及菜单栏中各菜单下的相应命令，最后，退出该软件。

2. 打开素材文件中"图库\第 01 章"目录下的"卡通人物.jpg"文件，利用【图像大小】和【画布大小】命令将照片调小，然后利用【编辑】/【描边】命令给照片描边，并将照片定义为图案，再填充为图 1-35 所示的照片排列效果。

图 1-35 照片排列效果

02

第 2 章
文件操作与颜色设置

　　本章讲解有关文件操作和颜色设置的内容，包括文件操作、图像的显示控制、图像文件的大小设置、标尺、网格、参考线以及设置颜色与填充颜色等。

2.1 文件操作

要在一个空白的文件中绘制一个图形，应使用新建文件操作；要修改或继续处理一幅已有的图像，应使用打开的图像文件进行操作，绘制完成后需存储。本节将详细讲解文件的新建、打开、存储和关闭等基本操作。

2.1.1 新建文件

执行【文件】/【新建】命令（快捷键为 Ctrl+N 组合键），会弹出图 2-1 所示的【新建】对话框，可以在此对话框中设置新建文件的名称、宽度、高度、分辨率、颜色模式、背景内容和颜色配置文件等。单击 确定 按钮，即可新建一个图像文件。

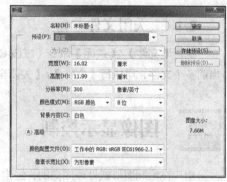

图 2-1 【新建】对话框

2.1.2 打开文件

执行【文件】/【打开】命令（快捷键为 Ctrl+O 组合键）或直接在工作区中双击，会弹出图 2-2 所示的对话框。通过该对话框，用户可以打开计算机中存储的 PSD、TIFF、JPEG 等格式的图像文件。打开图像文件前，用户要知道文件的名称、格式和存储路径，这样才能顺利地打开文件。

2.1.3 存储文件

在 Photoshop CS6 中，文件的存储主要包括【存储】和【存储为】两种方式。当新建的图像文件第一次被存储时，【文件】菜单中的【存储】和【存储为】命令的功能相同，都是将当前图像文件命名后存储，都会弹出图 2-3 所示的【存储为】对话框。

图 2-2 【打开】对话框

将打开的图像文件编辑后再存储时，就应正确区分【存储】和【存储为】命令的不同。【存储】命令是在覆盖原文件的基础上直接进行存储；【存储为】命令仍会弹出【存储为】对话框，它是在原文件不变的基础上将编辑后的文件重新命名并进行另存。

图 2-3 【存储为】对话框

> 【存储】命令的快捷键为 Ctrl+S 组合键；【存储为】命令的快捷键为 Shift+Ctrl+S 组合键。用户在绘图过程中，一定要养成随时存储文件的好习惯，以免因断电、死机等突发情况而造成不必要的麻烦。

2.1.4　关闭文件

执行【文件】/【关闭】命令（或按 Ctrl+Q 组合键），可以关闭当前图像文件。如果要同时关闭当前多个文件，可执行【文件】/【关闭全部】命令（或按 Alt+Ctrl+W 组合键）。

2.2　图像显示控制

用户在绘制图形或处理图像时，经常需要将图像放大或缩小，以便观察图像的细节。下面就来介绍图像大小的显示操作。

2.2.1　缩放工具

1. 放大图像

放大图像有多种操作方法，常用的方法有以下两种。

方法一：单击放大。单击工具箱中的缩放工具🔍，或者按键盘上的 Z 键，鼠标指针变为🔍状，在要放大的位置单击即可将图像放大，如图 2-4 所示。

方法二：快捷键放大。直接按 Ctrl + + 组合键，可以对选择的图像窗口进行放大。

图 2-4　图像放大显示状态

2. 缩小图像

缩小图像也有多种操作方法，常用的方法主要有以下两种。

方法一：单击缩小。单击工具箱中的缩放工具🔍，或者按 Z+Alt 组合键。此时，鼠标指针变为🔍状，单击即可将图像缩小。

方法二：快捷键缩小。直接按 Ctrl + − 组合键，可以对选择的图像窗口进行缩小。

> 无论使用工具箱中的哪种工具，按 Ctrl++组合键都可以放大显示图像，按 Ctrl+−组合键都可以缩小显示图像，按 Ctrl+0 组合键都可以将图像适配至屏幕显示，按 Ctrl+Alt+0 组合键都可以将图像以 100%的比例正常显示。在工具箱中的缩放工具🔍上双击，可以使图像以实际像素显示。

2.2.2　抓手工具

将图像放大显示后，如果全幅图像无法在窗口中完全显示，可以使用抓手工具，用鼠标拖曳图像，以观察图像窗口中无法显示的图像，如图 2-5 所示。

图 2-5　平移显示图像状态

在使用抓手工具时，按住 Ctrl 键或 Alt 键可以暂时切换为放大或缩小工具；双击工具箱中的抓手工具，可以将图像适配至屏幕显示。当使用工具箱中的其他工具时，按住空格键可以将当前工具暂时切换为抓手工具。

2.2.3　屏幕显示模式

【视图】菜单提供了 3 种屏幕显示模式，分别为"标准屏幕模式""带有菜单栏的全屏模式"和"全屏模式"。它们的快捷键为 F 键。反复按键盘上的 F 键，可在这 3 种模式之间进行切换。

2.3　设置图像文件的大小

第 1 章已介绍了图像尺寸及图像文件大小的概念，本节介绍有关图像大小设置操作。

2.3.1　查看图像文件的大小

在新建的图像文件或打开的图像文件的左下角有一组数字，如图 2-6 所示。其中，左侧的"文档：41.5M"表示图像文件的原始大小，无压缩存盘所占用磁盘空间的大小；右侧的"41.5M"表示当前图像文件的虚拟操作大小，也就是包含图层和通道中图像的综合大小。

单击右侧的 ▶ 按钮，将弹出图 2-7 所示的菜单。选择【文档大小】命令后，在 ▶ 按钮左侧将显示图像文件的尺寸，也就是图像的长、宽数值及分辨率，如图 2-8 所示。

图 2-6　打开的图像文件　　　　　　　图 2-7　【文件信息】菜单　　　　　　　图 2-8　显示文档尺寸

图像文件左下角的第一组数字"16.67%"，表示当前图像的显示百分比。图像文件窗口显示比例的大小与图像文件大小及尺寸大小是没有关系的，显示的大小只影响视觉效果，不影响图像文件打印输出后的大小。

2.3.2 调整图像文件的大小

图像文件的大小是由文件尺寸（宽度、高度）和分辨率决定的。当图像的宽度、高度和分辨率不符合设计要求时，可以通过改变图像的宽度、高度或分辨率来重新设置图像文件的大小。

🔑 调整图像文件的大小

步骤❶ 打开本书资源包中的素材文件中"图库\第 02 章"目录下的"牛排.jpg"文件，如图 2-9 所示。在图像左下角的状态栏中显示出图像的大小为 17.2MB。

步骤❷ 执行【图像】/【图像大小】命令，弹出【图像大小】对话框，如图 2-10 所示。

图2-9 打开的文件   图2-10 【图像大小】对话框

步骤❸ 如需保持当前图像的像素、宽度和高度的比例，就要勾选【约束比例】复选项，将按同比例对【宽度】或【高度】进行更改，如图 2-11 所示。

步骤❹ 修改【宽度】和【高度】参数后，可以在【图像大小】对话框中的【像素大小】后面看到修改后的图像大小为 2.14MB。

> 在改变图像文件大小时，如果是将图像由大变小，其图像质量不会降低；如果是将图像由小变大，其图像质量将会下降。

步骤❺ 彩色印刷要求的分辨率是"300 像素/英寸"，因此，需要将【分辨率】参数设置为"300"，如图 2-12 所示。

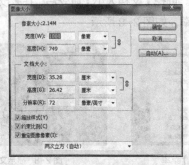

图2-11 【图像大小】对话框   图2-12 设置【分辨率】参数

2.3.3 调整图像画布的大小

设计过程中有时需增加或减小画布尺寸。利用【画布大小】命令改变图像文件的尺寸时，原图像中每个像素的尺寸不发生变化，只是图像文件的版面增大或缩小。利用【图像大小】命令改变图像文件尺寸后，原图像会被拉长或缩短，即图像中每个像素的尺寸都发生了变化。

下面以实例的形式来介绍调整画布大小的操作。

⚬━ 调整画布的大小

步骤① 打开素材文件中"图库\第 02 章"目录下的"照片.jpg"文件，如图 2-13 所示。

步骤② 执行【图像】/【画布大小】命令，弹出【画布大小】对话框，如图 2-14 所示。

图 2-13　打开的文件　　　图 2-14　【画布大小】对话框

步骤③ 勾选【相对】复选项，修改【宽度】和【高度】参数，在【画布扩展颜色】选项中选择增加版面的颜色，单击　确定　按钮。此时的【画布大小】对话框如图 2-15 所示。

步骤④ 单击　确定　按钮，增加版面后的画布效果如图 2-16 所示。

图 2-15　修改的参数　　　图 2-16　增加版面后的效果

步骤⑤ 单击【画布大小】对话框中的【定位】选项中相应的箭头，可确定在画面的哪个位置添加版面，设置不同的参数及单击不同的箭头位置。生成的版面效果如图 2-17 所示。

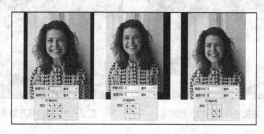

图 2-17　增加的不同版面效果

2.4　标尺、网格、参考线及附注

标尺、网格、参考线和附注都是图像处理的辅助工具。在绘制和移动图形的过程中，这些工具可以帮助用户精确地对图形进行定位、对齐和添加附注等操作。

2.4.1　设置标尺

在执行菜单栏中，依次选择【编辑】/【首选项】/【单位与标尺】命令，对 Photoshop CS6 的单位、列尺寸、新文件预设分辨率大小等进行修改。

下面以实例操作的形式来讲解标尺的设置方法。

☞ 设置标尺

步骤① 打开素材文件中"图库\第 02 章"目录下的"风景.jpg"文件，如图 2-18 所示。

步骤② 执行【视图】/【标尺】命令（快捷键为 Ctrl+R 组合键），即可在窗口的左侧和上方显示标尺，如图 2-19 所示。

图 2-18　打开的文件　　　　　　　　　　图 2-19　显示的标尺

步骤③ 将鼠标指针移动到文件左上角的水平与垂直标尺的交叉点上，按住鼠标左键并沿对角线向下拖曳指针，将出现一组十字线，如图 2-20 所示。

步骤④ 拖曳到适当的位置后释放鼠标左键，标尺的原点（0,0）将被设置在释放鼠标左键的位置，如图 2-21 所示。

图 2-20　拖曳鼠标指针时的状态　　　　　　图 2-21　调整标尺原点后的位置

步骤⑤ 执行【编辑】/【首选项】/【单位与标尺】命令，弹出【首选项】对话框，如图 2-22 所示。

图 2-22 【首选项】对话框

　　【首选项】对话框中的【单位】栏中包含【标尺】和【文字】两个选项，在其下拉列表中可以分别设置标尺和文字的单位。

2.4.2 设置网格

　　网格也是用来辅助绘图的网格状辅助线。它位于图像的最上层，不会被打印。执行菜单栏中的【视图】/【显示】/【网格】命令，可以显示或隐藏网格。

🔑 设置网格

步骤❶　打开素材文件中"图库\第 02 章"目录下的"花瓶.jpg"文件。

步骤❷　执行【视图】/【显示】/【网格】命令（快捷键为 Ctrl+' 组合键），即可在文件窗口中显示网格，如图 2-23 所示。

　　反复按 Ctrl+' 组合键，可以在显示或隐藏网格之间切换。

步骤❸　执行【编辑】/【首选项】/【参考线、网格和切片】命令，弹出【首选项】对话框，如图 2-24 所示。

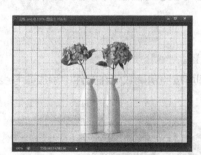

图 2-23 显示的网格

图 2-24 【首选项】对话框

步骤❹　在【首选项】对话框的【网格线间隔】中，将单位设置为"毫米"，将【网格线间隔】参数设置为"25"，将【子网格】参数设置为"4"。

步骤❺　单击　确定　按钮，新设置的网格如图 2-25 所示。

　　查看【视图】/【对齐到】/【网格】命令前面是否有 ✓ 标识，如果有，就说明当前已经设置了对齐网格功能。此时绘制选区，就可以对齐到网格上面了。再次执行【视图】/【对齐到】/【网格】命令，即可将对齐网格命令关闭。

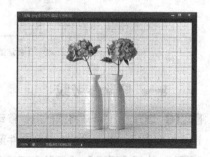

图 2-25 新设置的网格

2.4.3 设置参考线

参考线是一种辅助制图的直线，用于在实际的工作过程中对图像进行精确定位和对齐。参考线可以从标尺上直接拖出，不会被打印出来。下面讲解参考线的创建、显示、隐藏、移动和清除的方法。

⚷━ 设置参考线

步骤 **①** 打开素材文件中"图库\第 02 章"目录下的"summer.jpg"文件。

步骤 **②** 执行【视图】/【标尺】命令，将标尺显示在文件窗口中。

步骤 **③** 将鼠标指针移动到水平标尺上，按住鼠标左键并将其向画面内拖曳，状态如图 2-26 所示。释放鼠标左键，即可在释放鼠标左键的位置添加一条水平参考线，如图 2-27 所示。

图 2-26 通过拖曳添加参考线的状态   图 2-27 添加的参考线

步骤 **④** 将鼠标指针移动到垂直标尺上，按住鼠标左键并将其向画面内拖曳，可以添加一条垂直参考线。

⚷━ 添加参考线

步骤 **①** 执行【视图】/【新建参考线】命令，弹出【新建参考线】对话框，如图 2-28 所示。

◎ 【水平】：用于设置水平参考线。

◎ 【垂直】：用于设置垂直参考线。

◎ 【位置】：用于设置参考线在图像文件中的精确位置。

步骤 **②** 选项及参数设置完成后，单击 确定 按钮，即可按照精确数值在文件中添加参考线，如图 2-29 所示。

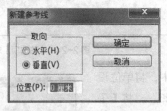 

图 2-28 【新建参考线】对话框   图 2-29 文件中添加的参考线

⚷━ 删除参考线

步骤 **①** 选择 ▸+ 工具，将鼠标指针移动到参考线上，鼠标指针的形状变为双向箭头 ╬。按住鼠标左键并拖曳鼠标，参考线被拖曳到文件窗口之外时释放鼠标左键即可将参考线删除。

步骤 **②** 执行【视图】/【清除参考线】命令，可以将参考线全部删除。

2.5 设置颜色与填充颜色

在 Photoshop CS6 中,设置颜色通常指设置前景色和背景色。前景色和背景色的设置方法可利用工具箱、颜色面板、色板面板、吸管工具设置指定前景色或背景色。

2.5.1 设置颜色

颜色的设置方法有以下 5 种。

1. 利用【拾色器】设置颜色

单击工具箱中的前景色或背景色色块,如图 2-30 所示。在对话框的参数设置区中设置相应的参数,即可改变前景色或背景色,如图 2-31 所示。

图 2-30 工具箱中的前景色和背景色色块

图 2-31 【拾色器】对话框

提示

如果作品用于彩色印刷,在设置颜色时,通常选择 CMYK 颜色;如果作品用于网络,即在计算机屏幕上观看,通常选择 RGB 颜色。

在【拾色器】对话框中设置颜色的方法如下。

① 颜色滑条代表了颜色明度的变化,颜色域的水平方向代表了颜色的变化,垂直方向代表了颜色的明度变化。

② 在颜色域中选择需要的颜色后,对话框参数将反映出所选颜色的颜色值。

③ 对双色调图像模式的文件颜色,一般用【颜色库】来设置。在【拾色器】对话框中单击   颜色库   按钮,即可打开图 2-32 所示的【颜色库】对话框。

2. 利用【颜色】面板设置颜色

执行【窗口】/【颜色】命令(快捷键为 F6 键),

图 2-32 【颜色库】对话框

使【颜色】面板显示在工作区中。确认【颜色】面板中的前景色色块处于被选择状态,可以通过调整 R、G、B 的数值来设置前景色;若将鼠标指针移动到下方的颜色条中,鼠标指针将显示为吸管形状,在颜色条中单击,即可将单击处的颜色设置为前景色。如果背景色色块处于被选择状态,设置后的颜色就将为背景色。

3. 利用【色板】面板设置颜色

单击【颜色】面板组中的【色板】选项卡，鼠标指针将显示为吸管形状，如图 2-33 所示。在【色板】面板中的某一颜色块上单击，即可将颜色设置为前景色。

4. 利用吸管工具设置颜色

选择吸管工具 ，然后，在图像中的任意位置单击，即可将该位置的颜色设置为前景色；如果在按住 Alt 键的同时单击，单击处的颜色就将被设置为背景色。

5. 利用颜色取样器工具查看颜色

颜色取样器工具 可提取多个颜色样本，最多可定义 4 个取样点。选择颜色取样器工具 ，在图像文件中依次单击，以创建取样点，【信息】面板中将显示鼠标指针单击处的颜色信息，如图 2-34 所示。

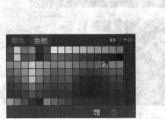

图 2-33　显示为吸管形状的鼠标指针　　图 2-34　选择多个样点时【信息】面板显示的颜色信息

2.5.2　填充颜色

颜色的填充方法有工具填充、菜单命令填充和快捷键填充。

1. 利用工具填充颜色

油漆桶工具 在图像中单击进行颜色或图案的填充。填充颜色时所填的颜色为工具箱中的前景色；也可以选择使用图案填充，设置填充方式，可得到填充图案效果。

油漆桶工具 的属性栏如图 2-35 所示。

图 2-35　油漆桶工具的属性栏

◎ 【设置填充区域的源】选项：用于设置向画面或选区中填充的内容，包括【前景】和【图案】两个选项。选择【前景】选项，向画面中填充的内容为工具箱中的前景色；先选择【图案】选项，再在右侧的图案窗口中选择一种图案后，向画面中填充的内容即为选择的图案，如图 2-36 所示。

图 2-36 彩图

图 2-36　填充的单色及图案效果

◎ 【模式】：用于设置填充颜色后与下面图层混合产生的效果。

◎ 【不透明度】：用于设置填充颜色的不透明度。

◎ 【容差】：用于控制图像中填充颜色或图案的范围。数值越大，填充的范围也就越大，效果如图 2-37 所示。

图 2-37 彩图

图 2-37　设置不同容差值后的填充效果

◎ 【连续的】：勾选此复选项，利用油漆桶工具填充时，只能填充与鼠标单击处颜色相近且相连的区域；若不勾选此项，则可以填充与鼠标单击处颜色相近的所有区域，效果如图 2-38 所示。

图 2-38　勾选和不勾选【连续的】复选项后的填充效果

◎ 【所有图层】：若勾选此项，则填充的范围是图像文件中的所有图层。

◎ 【消除锯齿】：选中该框，可使边缘产生较为平滑的过渡效果。

2. 利用菜单命令填充颜色

执行【编辑】/【填充】命令，将弹出图 2-39 所示的【填充】对话框，利用此对话框也可以完成填充颜色的操作，各选项的功能如下。

◎ 【使用】：【使用】下拉列表中的选项如图 2-40 所示。选择【颜色】选项，可以在弹出的【选取一种颜色】对话框中设置一种颜色来填充画面或选区；选择【图案】选项后，单击【自定图案】图标，可在弹出的【图案】选项面板中选择填充图案。

图 2-39　【填充】对话框　　　　图 2-40　【使用】下拉列表

◎ 【模式】：混合设置中的模式用于选择填充的颜色或图案与下层图像之间的混合模式。

◎ 【保留透明区域】：勾选此项，在填充颜色或图案时将锁定工作层的透明区域，在填充颜色或图案时，只能在当前层的不透明区域进行。

3．利用快捷键填充颜色

◎ 按 Alt+Delete 组合键，可以填充前景色。

◎ 按 Ctrl+Delete 组合键，可以填充背景色。

◎ 按 Alt+ Shift+Delete 组合键，可以填充前景色，而透明区域仍保持透明。

◎ 按 Ctrl+Shift+Delete 组合键，可以在画面中的不透明区域填充背景色。

2.6　综合练习——盐包装设计展开图

本节以实例操作的形式来介绍参考线的添加及图案的填充应用。设计完毕的盐包装作品效果图和展开图如图 2-41 所示。

微课 2
盐包装设计展开图

图 2-41　制作的盐包装展开效果图

🔑 制作盐包装设计图

步骤① 新建一个【宽度】为"30 厘米"、【高度】为"20厘米"、【分辨率】为"300 像素/英寸"、【颜色模式】为"RGB 颜色"、【背景内容】为"白色"的文件，如图 2-42所示。

步骤② 在【图层】面板中单击 ⬛ 按钮，新建"图层 1"。

步骤③ 选择油漆桶工具 🪣，在属性栏中设置 图案▾ 选项，并单击 ▦ 按钮，在弹出的【图案选择】面板中单击右上角的 ⊙

图 2-42　新建文件设置

按钮。在弹出的列表中选择【彩色纸】命令，然后，在弹出的图 2-43 所示的询问面板中单击 [　　确定　　]按钮，用选择的彩色纸图案替换【图案选择】面板中的图案。

图 2-43　图案选择设置

步骤④ 在【图案选择】面板中选择图 2-44 所示的白色图案。

步骤⑤ 将鼠标指针移动到选区中并单击鼠标左键，为选区填充图案，效果如图 2-45 所示。

图 2-44 选择的图案　　　　　图 2-45 填充图案后的效果

步骤 ⑥ 然后，按 Ctrl+T 组合键，调整纸盒纸大小至合适比例即可，效果如图 2-46 所示。

步骤 ⑦ 然后选择矩形选框工具 □，在纸的右边选择矩形选区，效果如图 2-47 所示。

步骤 ⑧ 按 Ctrl+T 组合键，对选区执行盒子立体效果处理，如图 2-48 所示。

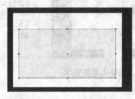 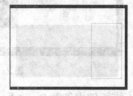 

图 2-46 调整尺寸比例大小　　图 2-47 矩形选择选区　　图 2-48 自由变换立体效果调整

步骤 ⑨ 按 Ctrl+M 组合键弹出【曲线】对话框，对选区部分做加深效果处理，效果如图 2-49 所示。

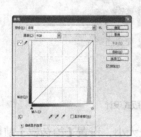 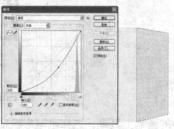

图 2-49 曲线调整后的效果

步骤 ⑩ 选择工具箱中的减淡工具和加深工具做局部立体效果调整，效果如图 2-50 所示。

图 2-50 减淡、加深立体效果处理

步骤 ⑪ 导入素材库中名称为"椰子树木纹"的图片，如图 2-51 所示。然后根据设计需要按 Ctrl+T 组合键，对该图片做自由变换处理，做盒子立体效果。

图 2-51 导入椰树木纹图片及立体效果处理

步骤⑫ 选择直排文字工具 T ，在主画面上依次输入图 2-52 所示的文字。

步骤⑬ 编辑文字：首先对输入的所有文字执行栅格化处理，用鼠标右键单击各个文字图层，会弹出图 2-53 所示的对话框，然后单击【栅格化文字】选项即可。

图 2-52　输入的相关文字

图 2-53　栅格化相关文字

步骤⑭ 设计盒子正面的文字版式排列，最终排版效果如图 2-54 所示。

图 2-54　盒子正面版式设计

步骤⑮ 执行工具箱中的画笔工具 ，选择画笔形状及大小，设置【拾色器】前景色设为黑色，效果如图 2-55 所示。

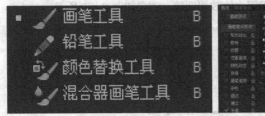
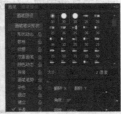
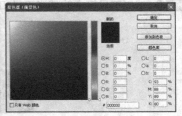

图 2-55　画笔及前景色设置

步骤⑯ 选择画笔工具 ，在画面中的合适位置绘制图 2-56 所示的黑白图形。

图 2-56　绘制的装饰图形

步骤⑰ 执行图层合并命令,单击选择图 2-57 所示的标灰的图层,然后将其合并为一个图层。注意,不要把背景图层也合并到一起,否则不利于后面的编辑。

图 2-57 合并图层

步骤⑱ 选择矩形选框工具 □,在盒子左边选择矩形选区,效果如图 2-58 所示。

步骤⑲ 按 Ctrl+T 组合键,对选区执行自由变换立体效果处理,效果如图 2-59 所示。

图 2-58 矩形选区载入   图 2-59 自由变换效果处理

步骤⑳ 处理效果如图 2-60 所示。

图 2-60 处理后的立体效果

步骤㉑ 最终立体效果如图 2-61 所示。按 Ctrl+S 组合键,将此文件命名为"传盐包装.jpg"并保存。

图 2-61 最终立体效果

小结

本章主要讲解了文件的基本操作，图像显示控制，设置图像文件大小、标尺、网格、参考线，以及设置颜色与填充颜色等内容。这些内容比较容易理解。读者应熟练掌握这些内容，以便在处理图像中用到这些基本命令操作时，能得心应手。另外，读者应通过本章的学习掌握包装的设计的基本方法和展开图的制作技巧。当然，读者若想要制作出更真实的包装效果就需要继续学习后续知识并进行实践练习。

习题

1. 请读者自己动手新建一个【名称】为"相约上合"、【宽度】为"25 厘米"、【高度】为"30 厘米"、【分辨率】为"300 像素/英寸"、【颜色模式】为"RGB 颜色"、【背景内容】为"白色"的文件，然后，为整个画面填充图 2-62 所示的图案，再将其以 PSD 格式保存。

2. 打开素材文件中"图库\第 02 章"目录下的"海报.jpg"文件，利用【视图】/【新建参考线】命令，在文件的 4 个边缘位置添加距离边缘 3 毫米的参考线（出血），如图 2-63 所示。

图 2-62　相约上合图形

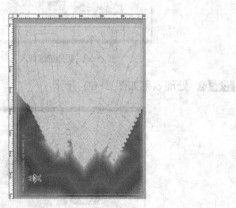

图 2-63　添加的参考线

03

第 3 章
选择与移动图像

Photoshop CS6 提供的选区工具有多种。用户可利用它们来对图像进行相应调整。对图像位置的移动，是每一幅作品都必须进行的操作。用户可利用移动工具移动图像的位置。

3.1 选择工具

选择工具的主要功能是在图像中建立选区，当图像存在选区时，所进行的工作都是针对选区内的图像的，选区外的图像不受影响。

3.1.1 绘制矩形和椭圆形选区

图 3-1 选框工具组

选框工具组中有矩形选框工具![]、椭圆选框工具![]、单行选框工具![]和单列选框工具![]。将鼠标指针放置到矩形选框工具![]上，即可展开隐藏的工具，如图 3-1 所示。

1. 矩形选框工具的使用方法

矩形选框工具![]主要用于绘制各种矩形或正方形选区。按住鼠标左键并拖曳鼠标，释放后即可创建矩形选区，如图 3-2 所示。

2. 椭圆选框工具的使用方法

椭圆选框工具![]主要用于绘制各种椭圆形选区。按住鼠标左键并拖曳鼠标，释放后即可创建椭圆形选区，如图 3-3 所示。

图 3-2 绘制的矩形选区　　　　　图 3-3 绘制的椭圆形选区

3. 单行选框和单列选框工具的使用方法

单行选框工具![]和单列选框工具![]主要用于创建 1 像素高度的水平选区和 1 像素宽度的垂直选区。选择单行选框工具![]或单列选框工具![]后，在画面中单击即可创建单行或单列选区。

提示

　　　使用矩形选框和椭圆选框工具绘制选区时，按住 Shift 键并拖曳鼠标，可以绘制出以按住鼠标左键位置为起点的正方形或圆形选区；按住 Alt 键并拖曳鼠标，可以绘制出以按住鼠标左键位置为中心的矩形或椭圆形选区；按住 Alt+Shift 组合键并拖曳鼠标，可以绘制出以按住鼠标左键位置为中心的正方形或圆形选区。

选框工具组中各工具的属性栏完全相同，如图 3-4 所示。

![选框工具组属性栏]　羽化：0 像素　　消除锯齿　　样式：正常　　宽度：　　高度：　　调整边缘…

图 3-4 选框工具组属性栏

4. 选区的合并、相减与相交

各种选框工具除了可以绘制各种基本形状的选区外，还可以结合属性栏中的运算按钮将选区进行相加、相减及相交运算。

◎ 【新选区】按钮■：单击该按钮，将激活新选区属性，使用选框工具在图形中创建选区时，新创建的选区将替代原有的选区。

◎ 【添加到选区】按钮■：单击该按钮，如果当前画布中存在选区，鼠标指针将变成双十字形状，表示添加到选区。此时绘制新选区，新建的选区将与原来的选区合并成为新的选区，如图 3-5 所示。

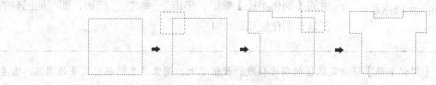

图 3-5　添加选区示意图

◎ 【从选区减去】按钮■：单击该按钮，如果当前画布中存在选区，鼠标指针将变成一加一减状；如果新建的选区与原来的选区有相交的部分，将从原选区中减去相交的部分，余下的选择区域作为新的选区，如图 3-6 所示。

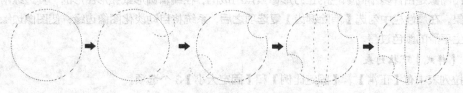

图 3-6　修剪选区示意图

◎ 【与选区交叉】按钮■：激活此按钮，在图像中依次绘制选区，如果新建的选区与之前绘制的选区有相交部分，将把相交部分作为一个新选区，如图 3-7 所示。如果新选区与之前绘制的选区没有相交部分，将弹出图 3-8 所示的警告对话框，提示用户未选择任何像素。

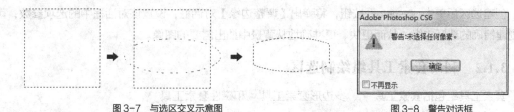

图 3-7　与选区交叉示意图　　　　　　　　　图 3-8　警告对话框

5. 设置选区羽化

给选区设置羽化属性，可以使选区得到边缘虚化的效果，如图 3-9 所示。

图 3-9　羽化选区得到的效果

设置羽化选区的方法有两种。

① 首先在选框工具的属性栏中设置【羽化】值，然后利用选框工具绘制选区，可以直接绘制出具有羽化性质的选区。

② 选区绘制完成后，执行【选择】/【修改】/【羽化】命令，将弹出图 3-10 所示的【羽化选区】对话框。在对话框中设置适当的【羽化半径】参数，单击 确定 按钮，即可使已有的选区具有羽化性质。

图 3-10　【羽化选区】对话框

> **提示**
>
> 　　【羽化半径】值决定选区的羽化程度，数值越大，图像产生的羽化效果越明显。需要注意的是，此值必须小于选区的最小半径，否则，将会弹出如图 3-11 所示的警告对话框，提示用户需要将选区创建得大一点，或将【羽化半径】值设置得小一点。

6.【消除锯齿】复选项

位图图像是由许多不同颜色的正方形像素点组成的，在编辑圆形或弧形图形时，其边缘常会出现锯齿现象。在属性栏中勾选【消除锯齿】复选项之后，系统将自动淡化图像边缘，使图像边缘和背景之间产生平滑的颜色过渡。

7.【样式】下拉列表

下拉列表中有【正常】、【固定比例】和【固定大小】3 个选项。

◎ 【正常】：可以在图像中创建任意大小或任意比例的选区。

◎ 【固定比例】：可以通过设置【宽度】和【高度】值来约束选区的宽度和高度比。

◎ 【固定大小】：可以直接在【样式】右侧指定选区的宽度和高度，以确定选区的大小，其单位为"像素"。

8. 调整边缘

创建选区后单击 调整边缘... 按钮，将弹出【调整边缘】对话框，设置该对话框中的选项参数，可以创建精确的选区边缘，从而更快、更准确地从背景中抽出需要的图像。

3.1.2　利用套索工具组绘制选区

套索工具组包括套索工具 、多边形套索工具 和磁性套索工具 。

1. 套索工具的使用方法

选择套索工具 ，在图像边缘按下鼠标左键绘制起点，拖曳鼠标指针到任意位置后释放鼠标即可创建出任意形状的选区，如图 3-11 所示。

图 3-11　套索工具操作示意图

2. 多边形套索工具的使用方法

如果要将不规则的直边图像从复杂背景中抠出来，多边形套索工具就是最佳的选择工具了，如三角形、五角星等。选择多边形套索工具 ，在图像边缘的任意位置单击以设置绘制的起点，拖曳鼠标指针到合适的位置，再次单击，设置转折点，直到鼠标指针与最初设置的起点重合，然后在重合点上单击即可创建出选区，如图 3-12 所示。

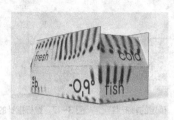

图 3-12 多边形套索工具操作示意图

3. 磁性套索工具的使用方法

选择磁性套索工具 ，在图像边缘单击绘制起点，然后，沿图像的边缘拖曳鼠标指针，选区会自动吸附在图像中对比最强烈的边缘，直到鼠标指针与最初设置的起点重合时，单击即可创建选区，如图 3-13 所示。

图 3-13 磁性套索工具操作示意图

4. 套索工具组的属性栏

套索工具组的属性栏与选框工具组的属性栏基本相同，只是磁性套索工具 的属性栏增加了几个新的选项，如图 3-14 所示。

| 羽化: 0 像素 | 消除锯齿 | 宽度: 10 像素 | 对比度: 10% | 频率: 23 | 调整边缘… |

图 3-14 磁性套索工具属性栏

3.1.3 换花瓶——套索工具组练习

下面以实例操作的形式来讲解套索工具组的应用。首先，利用多边形套索工具 将"花卉"图像中的花瓶选择并删除，然后，利用磁性套索工具 选取另一个花瓶图像，再将其移动复制到"花卉"图像中，组成一幅新的图像。

🔑 套索工具组练习

步骤❶ 打开素材文件中"图库\第 03 章"目录下的"花卉.jpg"文件。

步骤❷ 选择多边形套索工具 ，在花卉图像的边缘单击，确定绘制选区的起始点，如图 3-15 所示。

步骤③ 按住 Shift 键，沿着花瓶边缘移动鼠标指针到合适的位置，再次单击设置转折点，如图 3-16 所示。

步骤④ 继续移动鼠标指针并单击，设置转折点，直到鼠标指针与最初的起始点重合，如图 3-17 所示。

图 3-15　绘制选区的起点　　　　图 3-16　确定的转折点　　　图 3-17　鼠标指针的状态

步骤⑤ 在重合点上单击即可将选中花瓶，生成选区，如图 3-18 所示。

步骤⑥ 按 D 键，将前景色和背景色设置为默认的黑色和白色，然后，按 Delete 键，删除选区中的图像。此时，将弹出图 3-19 所示的【填充】对话框，单击 确定 按钮，将选区中删除图像的区域填充白色背景色，效果如图 3-20 所示。

图 3-18　生成的选区　　　　　图 3-19　【填充】对话框　　　　图 3-20　删除图像后的效果

步骤⑦ 执行【选择】/【取消选择】命令（快捷键为 Ctrl+D 组合键），将选区取消。

步骤⑧ 打开素材文件中"图库\第 03 章"目录下名为"花瓶.jpg"的文件。

步骤⑨ 利用缩放工具 将图像放大显示，然后，选择磁性套索工具 ，在花瓶图像的左上方边缘处单击，设置绘制的起点，如图 3-21 所示。

步骤⑩ 沿图像的边缘拖曳鼠标，选区会自动吸附在图像中对比最强烈的边缘，如果选区的边缘没有吸附在想要的图像边缘，可以通过单击添加一个紧固点来确定要吸附的位置，如图 3-22 所示。

图 3-21　确定的起点　　　　图 3-22　拖曳鼠标的状态

步骤 ⑪ 继续拖曳鼠标，直到鼠标指针与最初设置的起点重合，状态如图 3-23 所示。

步骤 ⑫ 单击鼠标，即可创建选区，如图 3-24 所示。

步骤 ⑬ 执行【选择】/【修改】/【羽化】命令，在弹出的【羽化选区】对话框中，将【羽化半径】的参数设置为"2 像素"，单击 确定 按钮。

步骤 ⑭ 选择移动 ，将鼠标指针移到选区中，按住鼠标左键，将花瓶拖曳至"花卉"文件中，释放鼠标左键后，即可将选区中的花瓶移动到该文件中。

步骤 ⑮ 继续利用移动 ，将花瓶调整至图 3-25 所示的位置。

图 3-23 创建选区状态 　　图 3-24 生成的选区 　　图 3-25 调整后的形态

步骤 ⑯ 按 Shift+Ctrl+S 组合键，将此文件另存为"套索工具组练习.psd"。

3.1.4 利用魔棒工具组选择图像

对于轮廓分明、背景颜色单一的图像来说，利用快速选择工具 或魔棒工具 来选择图像，是非常不错的方法。

1. 快速选择工具

快速选择工具 可选择图像中面积较大的单一颜色的区域，其使用方法为：将鼠标指针移至需要添加选区的图像位置并按下鼠标左键，然后，移动鼠标指针，即可将鼠标指针经过的区域及与其颜色相近的区域生成为一个选区，如图 3-26 所示。

图 3-26 快速选择工具的操作示意图

快速选择工具 的属性栏如图 3-27 所示。

图 3-27 快速选择工具属性栏

2. 魔棒工具的使用方法

魔棒工具 主要用于选择图像中面积较大的单色或相近颜色的区域。在要选择的颜色范围内单击即可全部选择相同或相近的颜色，如图 3-28 所示。

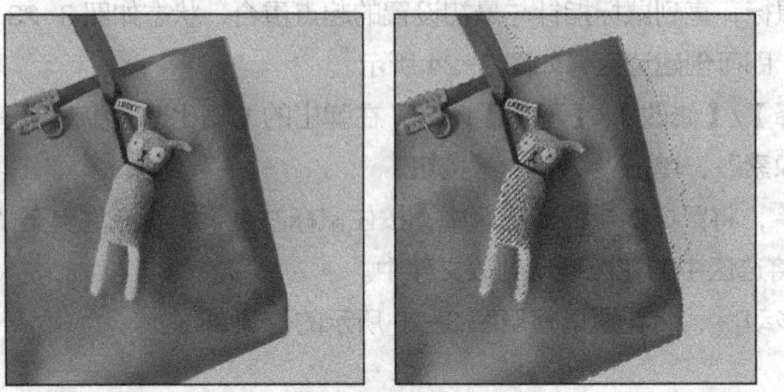

图 3-28　魔棒工具操作示意图

魔棒工具的属性栏如图 3-29 所示。

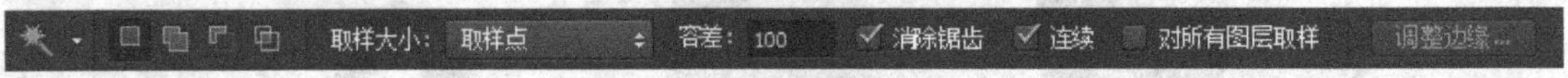
取样大小：
取样点
容差：
100
消除锯齿
连续
对所有图层取样
调整边缘...

图 3-29　魔棒工具属性栏

◎【容差】：用于决定创建选区的范围大小。数值越大，创建选区的范围越大。

◎【连续】：若勾选此复选项，则只能选择图像中与鼠标单击处颜色相近且相连的部分；若不勾选此复选项，则可以选择图像中所有与鼠标单击处颜色相近的部分，如图 3-30 所示。

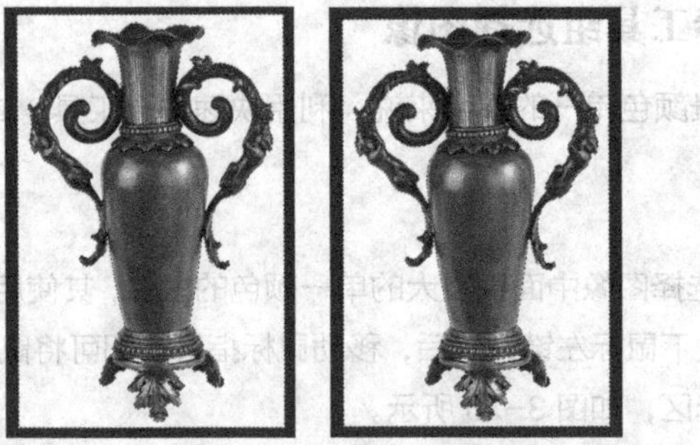

图 3-30　勾选与不勾选【连续】复选项时创建的选区

◎【对所有图层取样】：若勾选此复选项，则可以选择所有可见图层中与鼠标单击处颜色相近的部分；若不勾选此复选项，则只能选择工作层中与鼠标单击处颜色相近的部分。

3.2 【选择】命令

在图像中创建选区后，有时为了图像处理的需要，要对已创建的选区进行编辑修改，使之更符合要求。本节将介绍对选区的编辑和修改操作方法。

3.2.1　移动选区

创建选区后，无论当前使用哪一种选区工具，将鼠标指针移动到选区内时，都将变为形状，按住鼠标左键并拖曳即可移动选区的位置。按键盘上的→、←、↑或↓方向键，可以按照一次 1 像素的速度来移动选区的位置；如果按住 Shift 键再按方向键，可以一次以 10 像素的速度来移动选区的位置。

3.2.2　显示、隐藏和取消选区

在编辑图像时，执行【视图】/【显示】/【选区边缘】命令，即可将选区显示或隐藏。一般情况下，使用菜单栏中的【视图】/【显示额外内容】命令（快捷键为 Ctrl+H 组合键）来隐藏或显示选区。图像编辑完成后，可以通过执行【选择】/【取消选择】命令将选区取消，最常用的还是通过 Ctrl+D 组合键来取消选区。

3.2.3　全部、重新选择和反向

执行【选择】/【全部】命令（快捷键为 Ctrl+A 组合键），可以将当前层中的图像全部选择。将选区取消后，执行【选择】/【重新选择】命令（快捷键为 Shift+Ctrl+D 组合键），可以将刚取消的选区恢复。

在图像中创建选区后，执行【选择】/【反向】命令（快捷键为 Shift+Ctrl+I 组合键），可以将选区进行反选，即选择选区以外的图像。

3.2.4　制作照片边框

本节将通过制作照片的边框效果，来练习选区的全部选择、变换及反向等操作。

🔑　制作照片边框

步骤❶ 打开素材文件中"图库\第 03 章"目录下的"划船.jpg"文件，如图 3-31 所示。

步骤❷ 执行【选择】/【全部】命令（快捷键为 Ctrl+A 组合键），将画面全部选择。

步骤❸ 执行【选择】/【变换选区】命令。此时，选区的周围将显示变换框。在属性栏中分别设置【W】和【H】的参数分别为"90%"和"85%"。选区调小后的形态如图 3-32 所示。

微课 3
制作照片边框

图 3-31　打开的图片　　　　图 3-32　选区调小后的形态

步骤❹ 单击属性栏中的 ✔ 按钮，完成选区的缩小调整。

步骤❺ 执行【选择】/【反向】命令（快捷键为 Shift+Ctrl+I 组合键），将选区反选，如图 3-33 所示。

步骤❻ 执行【图像】/【调整】/【亮度/对比度】命令，在弹出的【亮度/对比度】对话框中进行参数设置，如图 3-34 所示。

图 3-33　反选后的选区形态　　　　图 3-34　设置的参数

步骤 7 单击 确定 按钮，调整了亮度、对比度后的图像效果如图 3-35 所示。

步骤 8 再次执行【选择】/【反向】命令，将选区反选，还原以前的选区状态。

步骤 9 执行【图像】/【调整】/【曲线】命令，在弹出的【曲线】对话框中，单击 自动(A) 按钮，自动调整一下图像的颜色。此时的【曲线】对话框如图 3-36 所示。

 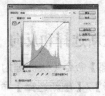

图 3-35　调整亮度、对比度后的效果　　图 3-36　【曲线】对话框

步骤 10 单击 确定 按钮，自动调整色调后的图像效果如图 3-37 所示。

步骤 11 执行【编辑】/【描边】命令，在弹出的【描边】对话框中设置参数，如图 3-38 所示。注意，要将颜色的色块设置为白色。

图 3-37　自动调整色调后的效果　　图 3-38　【描边】对话框

步骤 12 单击 确定 按钮，描边后的效果如图 3-39 所示。

步骤 13 执行【图层】/【新建】/【通过拷贝的图层】命令，将选区中的图像通过复制生成一个新的图层"图层 1"，如图 3-40 所示。

图 3-39　描边后的效果　　图 3-40　生成的新图层

步骤 14 执行【图层】/【图层样式】/【投影】命令，在弹出的【图层样式】对话框中，设置选项的参数，如图 3-41 所示。

步骤 15 单击 确定 按钮，添加投影后的图像效果如图 3-42 所示。

图 3-41　设置的投影参数　　图 3-42　添加投影后的效果

步骤 16 至此，照片的边框添加完成。按 Shift+Ctrl+S 组合键，将此文件另存为"制作边框效果.psd"。

3.2.5 利用【色彩范围】命令选择图像

利用【选择】/【色彩范围】命令来创建选区，进行图像的选择。

【色彩范围】命令与魔棒工具相似，也可以根据容差值与选择的颜色样本来创建选区并选择图像。使用【色彩范围】命令创建选区的优势在于：它可以根据图像中色彩的变化情况设定选择程度的变化，从而使选择操作更加灵活、准确。下面以实例操作的形式来讲解该命令的使用。

利用【色彩范围】命令选择图像

步骤① 打开素材文件中"图库\第 03 章"目录下的"山水风景.jpg"文件。

步骤② 按 Ctrl+J 组合键，将背景层复制为"图层 1"。

步骤③ 执行【选择】/【色彩范围】命令，弹出图 3-43 所示的【色彩范围】对话框。

步骤④ 确认【色彩范围】对话框中的 ✐ 按钮和【选择范围】单选项处于被选择状态，将鼠标指针移动到图 3-44 所示的位置后单击鼠标左键，吸取色样。

图 3-44 彩图

图 3-43 【色彩范围】对话框　　　　图 3-44 吸取色样的位置

步骤⑤ 在【颜色容差】文本框中输入数值（或拖曳其下方的三角滑块）调整选择的色彩范围，将【颜色容差】参数设置为"200"，如图 3-45 所示。

步骤⑥ 单击 确定 按钮。此时，图像文件中生成的选区如图 3-46 所示。

图 3-45 设置的参数　　　　图 3-46 生成的选区

从上图中可以看出，图像左上角的蓝色并没有被选取，下面我们要重新进行选择。

步骤⑦ 按 Ctrl+D 组合键，去除选区。然后，再次执行【选择】/【色彩范围】命令，弹出【色彩范围】对话框。

步骤⑧ 将鼠标指针移动到步骤 3 单击的位置，再次单击，然后，激活【色彩范围】对话框中的 ✐ 按钮，再将鼠标指针依次移动到画面的左上角，如图 3-47 所示。单击鼠标左键。

步骤⑨ 单击 确定 按钮。生成的选区如图 3-48 所示。

图 3-47　吸取色样的位置　　　　　　　　　图 3-48　生成的选区

步骤⑩　执行【视图】/【显示额外内容】命令（快捷键为 Ctrl+H 组合键），将选区在画面中隐藏。这样更方便观察颜色调整时的效果。此命令非常实用，读者要灵活掌握此项操作技巧。

步骤⑪　执行【图像】/【调整】/【色相/饱和度】命令（快捷键为 Ctrl+U 组合键），在弹出的【色相/饱和度】对话框中设置参数，如图 3-49 所示。

步骤⑫　单击 确定 按钮，按 Ctrl+D 组合键去除选区。调整后的颜色效果如图 3-50 所示。

图 3-49　参数设置　　　　图 3-50　调整颜色后的图片效果　　　　图 3-50 彩图

步骤⑬　激活 按钮，再在【色彩范围】对话框中未显示紫色天空的位置单击，如图 3-51 所示拾取该处的颜色。拾取颜色后的对话框如图 3-52 所示。

图 3-51　鼠标指针放置的位置　　　　图 3-52　设置的选项参数

步骤⑭　单击 确定 按钮，生成的选区形态如图 3-53 所示。

步骤⑮　执行【图像】/【调整】/【色彩平衡】命令（快捷键为 Ctrl+B 组合键），在弹出的【色彩平衡】对话框中设置图 3-54 所示的参数，然后，单击 确定 按钮。

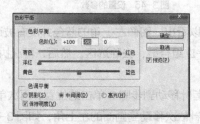

图 3-53　生成的选区　　　　图 3-54　设置的颜色参数

步骤⑯ 再次执行【图像】/【调整】/【色彩平衡】命令，在弹出的【色彩平衡】对话框中设置图 3-55 所示的参数。

步骤⑰ 单击 确定 按钮，然后，按 Ctrl+D 组合键，去除选区，调整颜色后的天空效果如图 3-56 所示。

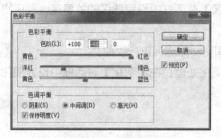 

图 3-55　设置颜色参数　　　　　　　　图 3-56　调整颜色后的效果

步骤⑱ 用与上面相同的创建选区并调整颜色的方法，将黄色的建筑和山地选取，再利用【色相/饱和度】命令调整颜色。创建的选区形态及设置的颜色参数如图 3-57 所示。

 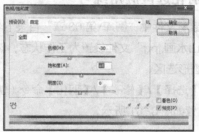

图 3-57　创建的选区形态及设置的颜色参数

步骤⑲ 单击 确定 按钮，然后，按 Ctrl+D 组合键，去除选区。调整颜色后的图片效果如图 3-58 所示。

图 3-58 彩图

图 3-58　图像调整颜色后的效果

步骤⑳ 按 Shift+Ctrl+S 组合键，将此文件另存为"色彩范围命令应用.psd"。

3.2.6　修改选区

在处理图像的过程中，经常要对选区进行修改操作。执行【选择】/【修改】子菜单下的命令，即可对选区进行修改，如图 3-59 所示。

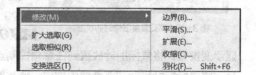

图 3-59　【修改】子菜单

◎ 【边界】命令：可以在弹出的【边界选区】对话框中设置选区向内或向外扩展，扩展的选区将重新生成新的选区。

◎ 【平滑】命令：可以对选区的边缘进行平滑设置，在弹出的【平滑选区】对话框中设置选区的边角平滑度。

◎ 【扩展】命令：可以在弹出的【扩展选区】对话框中设置选区的扩展量，选区将在原来的基础上扩展。

◎ 【收缩】命令：在对话框中进行设置后即可将原选区进行收缩。

◎ 【羽化】命令：该命令可以将选区进行羽化处理，在【羽化】对话框中设置羽化值，即可将选区进行羽化处理。

3.2.7 羽化选区

给选区设置适当的羽化值，会使处理后的图像及填充颜色后的边缘出现过渡消失的虚化效果。下面以实例操作的形式讲解选区的羽化设置。

羽化选区应用练习

步骤❶ 打开素材文件中"图库\第 03 章"目录下名为"山水画.jpg"和"酒瓶.jpg"的文件。

步骤❷ 将"山水画.jpg"文件设置为工作状态，然后，选择椭圆选框工具 ○ ，再在画面中绘制出图 3-60 所示的圆形选区。

步骤❸ 执行【选择】/【修改】/【羽化】命令（快捷键为 Shift+F6 组合键），弹出【羽化选区】对话框，参数设置如图 3-61 所示。

图 3-60 绘制的选区

图 3-61 设置的羽化参数

图 3-62 移动复制图像时的状态

步骤❹ 单击 确定 按钮，为选区设置羽化效果。

步骤❺ 选择移动工具 ▸▸ ，将鼠标指针移动到选区内，按住鼠标左键，将选区内的图像向"酒瓶.jpg"文件中拖曳，状态如图 3-62 所示。

步骤❻ 释放鼠标左键后，选区内的图像即移动复制到"酒瓶.jpg"文件中，如图 3-63 所示。

步骤❼ 执行【编辑】/【变换】/【缩放】命令，图像的周围将显示变换框，将鼠标指针放置到任意角控制点上，按下鼠标左键并向图像内部拖曳，将图像缩小，然后，将鼠标指针移动到变换框内拖曳，调整图像在酒瓶图形上的位置，如图 3-64 所示。

图 3-63　移动复制入的图像

图 3-64　调整后的图像的大小及位置

步骤 ⑧ 按 Enter 键确认图像的缩小调整，即可完成应用练习。按 Shift+Ctrl+S 组合键，将此文件另存为"羽化选区应用练习.psd"。

3.2.8　扩大选取和选取相似

在图像中创建选区后，执行【选择】/【扩大选取】命令，可以按照当前选择的颜色把相连且颜色相近的部分扩充到选区中，扩充范围取决于魔棒工具 属性栏中【容差】参数的大小。

在图像中创建选区后，执行【选择】/【选取相似】命令，可将图像中不一定是相连的所有与选区内的图像颜色相近的部分扩充到选区中。

利用魔棒工具 创建选区后，执行【扩大选取】命令和【选取相似】命令，创建的选区如图 3-65 所示。

图 3-65　创建的选区

3.2.9　变换选区

执行【选择】/【变换选区】命令，会在选区的边缘出现自由变换框。利用此自由变换框可以将选区进行缩放、旋转和透视等自由变换操作，其功能和操作方法与【编辑】菜单下的【自由变换】命令相同。请参见 3.3.3 小节"变换图像"的内容进行学习。

3.2.10　存储和载入选区

在图像处理及绘制的过程中，在创建一个选区后，再创建另一个选区，原选区就会消失。此后的操作便无法对原选区继续进行处理，因此，为了便于再次用到原选区继续编辑，有效地保存选区是很有必要的。

1. 保存选区

在当前图像文件中创建选区后，执行【选择】/【存储选区】命令，将弹出图 3-66 所示的【存储选区】对话框。

将第一个选区保存后，再创建选区，执行【存储选区】命令。在【存储选区】对话框中，【通道】下拉列表中有【新建】和【Alpha 1】两个选项。如果选择【Alpha 1】选项，【操作】选项栏中的选项即变为可用。用户通过设置不同的选项，可以保存不同形态的选区。

2. 载入选区

保存选区的目的是将其再次载入图像中使用。保存选区后，执行【选择】/【载入选区】命令，将弹出图 3-67 所示的【载入选区】对话框。单击 确定 按钮，即可将保存的选区载入当前文件中。

图 3-66 【存储选区】对话框　　　　　　图 3-67 【载入选区】对话框

3.3 移动工具

移动工具是图像处理中应用最频繁的工具。利用它可以在当前文件中移动或复制图像，也可以将图像由一个文件移动复制到另一个文件中，还可以对选择的图像进行变换、排列、对齐与分布等操作。

利用移动工具 ⊕ 移动图像的方法非常简单，在要移动的图像内拖曳鼠标指针，即可移动图像的位置。在移动图像时，按住 Shift 键可以确保图像在水平、垂直或 45° 的倍数方向上移动；配合属性栏及键盘操作，还可以复制和变形图像。也可以在使用其他工具的情况下，按住 Ctrl 键将其临时切换到移动工具 ⊕，拖动就可以移动图像。

3.3.1 移动图像

下面通过实例讲解图像在当前文件中的移动操作方法。

⛏ 在当前文件中移动图像

步骤① 打开素材文件中"图库\第 03 章"目录下的"盘子.jpg"文件，如图 3-68 所示。然后，选择椭圆选框工具 ○，按住 Shift 键，绘制出图 3-69 所示的选区。

图 3-68 打开的文件　　　　　　图 3-69 绘制的选区

步骤② 选择移动工具 ⊕，将鼠标指针移动到选区内，按下鼠标左键并拖曳鼠标，释放鼠标左键后选择的盘子图片即停留在移动后的位置，如图 3-70 所示。

利用移动工具 ▶⊕ 移动图像分为两种情况：一种情况是移动"背景"层选区内的图像，移动此类图像时，图像被移动位置后，显示的颜色为工具箱中的背景颜色；另一种情况是移动"图层"中的图像，当移动此类图像时不需要添加选区，但移动局部位置时，还需添加选区，如该图层为普通层，则在移动图像后，其将露出下方的透明色，如图 3-71 所示。

图 3-70 移动图片状态　　　　　　　图 3-71 显示的背景色

3.3.2　移动复制图像

移动复制图像的操作可在同一文件中进行，也可在两个文件中进行。

在两个文件之间移动复制图像的具体操作为：确定要移动的图像后选择移动工具 ▶⊕，将鼠标指针放置到要移动的图像上，按住鼠标左键拖曳，再释放鼠标左键，所选择的图片即被移动到另一个图像文件中。

在同一文件中移动复制图像的具体操作为：选择移动工具 ▶⊕，然后，按住 Alt 键并拖曳鼠标，释放鼠标左键后，即可将图像移动复制到指定位置。按住 Alt 键并移动复制图像又分为两种情况，一种是不添加选区直接复制图像；另一种是将图像添加选区后再进行移动复制。

拖动复制时，复制出的图层名称为"被复制图层的名称＋副本"组合。

下面通过实例来讲解这两种复制图像的具体操作方法。

⌘┐ 复制图像

步骤① 新建一个【宽度】为"30 厘米"、【高度】为"8 厘米"、【分辨率】为"150 像素/英寸"、【颜色模式】为"RGB 颜色"、【背景内容】为"灰色"的文件。

步骤② 打开素材文件中"图库\第 03 章"目录下的"鞋子.jpg"文件，如图 3-72 所示。

步骤③ 选择魔棒工具 ✦，将属性栏中的【容差】参数设置为"15"，然后，将【连续】选项前面的勾选取消。

步骤④ 将鼠标指针移动到画面中的灰色区域并单击鼠标左键，添加的选区如图 3-73 所示。

图 3-72 打开的图片　　　　　　　图 3-73 创建的选区

步骤⑤ 按 Ctrl+Shift+I 组合键，将选区反选。此时，4 只鞋子将全部被选中，而灰色的背景未被选中。

步骤⑥ 选择移动工具 ，将鼠标指针放置到选区中，按下鼠标左键并向新建的文件中拖曳，当新文件中的鼠标指针显示为 形状时，释放鼠标左键，即可将选择的图像移动复制到新建的文件中，而且【图层】面板中会自动生成"图层 1"，如图 3-74 所示。

步骤⑦ 按住 Alt 键。此时，鼠标指针变为黑色三角形，下面重叠带有白色的三角形，如图 3-75 所示。

步骤⑧ 在不释放 Alt 键的同时，再按住 Shift 键，然后，向右拖曳鼠标，至合适的位置后释放鼠标左键，即可完成图片的移动复制操作。在【图层】面板中将自动生成"图层 1 副本"层，如图 3-76 所示。

图 3-74　生成的新图层　　　　　　　　图 3-75　显示的移动复制图标

图 3-76　移动复制出的图像及生成的新图层

步骤⑨ 按住 Ctrl 键，单击图 3-77 所示的"图层 1 副本"图层缩览图，可加载图像的选区，如图 3-78 所示。

图 3-77　单击"图层 1 副本"缩略图　　　　　　图 3-78　加载的选区

步骤⑩ 再次按住 Shift+Ctrl 组合键，向右移动复制选区内的图像，效果及【图层】面板的状态如图 3-79 所示。

图 3-79　复制出的图像及【图层】面板的状态

步骤⑪ 用与步骤 10 相同的方法，再向右移动复制一组图像，然后按 Ctrl+D 组合键，去除选区，复制出的图像如图 3-80 所示。

图 3-80　移动复制出的图像

步骤⑫ 按 Ctrl+S 组合键，将当前文件命名为"复制图像.psd"并保存。

3.3.3　变换图像

在处理图像的过程中，经常需要对图像进行变换操作，以使图像的大小、方向、形状或透视符合作图要求。在 Photoshop CS6 中，变换图像的方法有两种，一种是直接利用移动工具 ⊕ 结合属性栏中的【显示变换控件】复选项来变换图像，另一种是利用菜单命令变换图像。这两种方法可以得到相同的变换效果。

在使用移动工具 ⊕ 变换图像时，若勾选属性栏中的【显示变换控件】复选项，图像中将根据工作层（背景层除外）或选区内的图像显示变换框。将鼠标指针移至变换框的调节点上，按住鼠标左键，变换框将由虚线变为实线。此时，拖动变换框周围的调节点就可以对变换框内的图像进行变换。各种变换形态的具体操作方法如下。

1. 缩放图像

将鼠标指针放置到变换框各边中间的调节点上，待鼠标指针的形状显示为 ↔ 或 ↕ 时，按下鼠标左键并左右或上下拖曳鼠标，即可水平或垂直缩放图像。将鼠标指针放置到变换框 4 个角的调节点上，待鼠标指针的形状显示为 ↖ 或 ↗ 时，按下鼠标左键并拖曳鼠标，可以任意缩放图像；按住 Shift 键，可以等比例缩放图像；按住 Alt+Shift 组合键，可以以变换框的调节中心为基准等比例缩放图像。以不同方式缩放图像时，鼠标指针的形态如图 3-81 所示。

2. 旋转图像

将鼠标指针移动到变换框的外部，待鼠标指针的形状显示为 ↻ 或 ↺ 时，拖曳鼠标即可旋转图像，如图 3-82 所示。若按住 Shift 键并旋转图像，可以使图像按 15° 的倍数旋转。

图 3-81　以不同方式缩放图像　　　　图 3-82　旋转图像

在【编辑】/【变换】命令的子菜单中选择【旋转 180 度】、【旋转 90 度（顺时针）】、【旋转 90 度（逆时针）】、【水平翻转】或【垂直翻转】等命令，可以将图像旋转 180°、顺时针旋转 90°、逆时针旋转 90°、水平翻转或垂直翻转。

3. 斜切图像

执行【编辑】/【变换】/【斜切】命令或按 Ctrl+Shift 组合键调整变换框的调节点，即可对图像进行斜切变换操作，如图 3-83 所示。

图 3-83　对图像进行斜切变换操作

4. 扭曲图像

执行【编辑】/【变换】/【扭曲】命令或按 Ctrl 键调整变换框的调节点，即可对图像进行扭曲变形操作，如图 3-84 所示。

5. 透视图像

执行【编辑】/【变换】/【透视】命令或按 Ctrl+Alt+Shift 组合键调整变换框的调节点，即可使图像产生透视变形效果，如图 3-85 所示。

图 3-84　扭曲变形　　　　　　　　　图 3-85　透视变形

6. 变形图像

执行【编辑】/【变换】/【变形】命令，或者激活属性栏中的【在自由变换和变形模式之间切换】按钮，变换框将转换为变形框，调整变形框 4 个角上的调节点的位置及控制柄的长度和方向，可以使图像产生各种变形效果，如图 3-86 所示。

图 3-86　变形图像

在属性栏中的【变形】下拉列表中选择一种变形样式，可以使图像产生各种相应的变形效果，如图 3-87 所示。

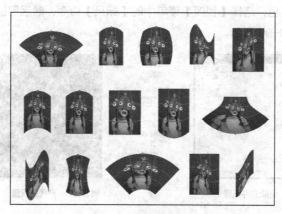

图 3-87　各种变形效果

7. 变换命令属性栏

执行【编辑】/【自由变换】命令后，属性栏如图 3-88 所示。

图 3-88　【自由变换】属性栏

◎ 【参考点位置】图标：中间的黑点表示调节中心在变换框中的位置，在任意白色小点上单击，可以定位调节中心的位置。将鼠标指针移动至变换框中间的调节中心上，待鼠标指针显示为▸◦形状时拖曳鼠标，可以在图像中任意移动调节中心的位置。

◎ 【X】、【Y】：用于精确定位调节中心的坐标。

◎ 【W】、【H】：分别用于控制变换框中的图像在水平方向和垂直方向缩放的百分比。激活【保持长宽比】按钮，可以在保持图像的长宽比例基础上进行缩放。

◎ 【旋转】按钮：用于设置图像的旋转角度。

◎ 【H】、【V】：分别用于控制图像在水平方向和垂直方向上的倾斜角度，其中，【H】表示水平方向，【V】表示垂直方向。

◎ 【在自由变换和变形之间切换】按钮：激活此按钮，可以由自由变换模式切换为变形模式；取消其激活状态后，可再次切换到自由变换模式。

◎ 【取消变换】按钮：单击【取消变换】按钮（或按 Esc 键），将取消图像的变形操作。

◎ 【进行变换】按钮：单击【进行变换】按钮（或按 Enter 键），将确认图像的变形操作。

3.4　综合案例——立体书籍设计

下面运用本章讲解的工具和命令，通过书籍设计实践加深读者对前面所学知识的理解，使读者掌握所学工具和命令的使用方法。

步骤① 新建一个【宽度】为"42 厘米"、【高度】为"30 厘米"、【分辨率】为"200 像素/英寸"、【颜色模式】为"RGB 颜色"的文件，如图 3-89 所示。

微课 4
立体书籍设计

步骤② 将背景填充为黑色，选择【视图】菜单中的【标尺】命令，然后用鼠标为书籍封面的设计添加相应的参考线，如图3-90所示。

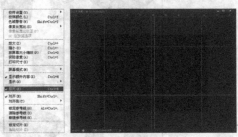

图 3-89　新建文件设置　　　　　　　　图 3-90　参考线设置

步骤③ 选择矩形选框工具▣在新建文件中绘制书籍封面的封面、书脊和封底部分，效果如图 3-91所示。执行编辑菜单的填充命令，首先新建图层1并对封面填充白色，如图3-92所示，再在新建图层2对封底填充绿色（R:2，G:5，B:4），如图3-93所示；新建图层3对书脊填充绿色（R:2，G:5，B:4），如图3-94所示。最终效果如图3-95所示。

图 3-91　矩形绘制书籍封面　　　　　　图 3-92　填充封面颜色

图 3-93　填充封底颜色　　　　　　　　图 3-94　填充书脊人颜色

步骤④ 选择横排文字工具 **T**，在封面、封底、书脊依次输入图3-96所示的文字。

图 3-95　封面效果　　　　　　　　　　图 3-96　输入书籍中相关的文字

步骤⑤ 封面设计：选择横排文字工具 **T** 选中封面中需要编辑的文字，对文字的字体、大小、颜色、版式等进行设计，效果如图 3-97 所示。

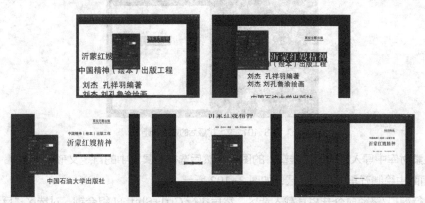

图 3-97　封面文字在经历编辑、排版后效果

步骤⑥ 封底和书脊设计：选择横排文字工具 **T** 选中封底和书脊中需要编辑的文字，对文字的字体、大小、颜色、版式等进行设计，效果如图 3-98 所示。

图 3-98　封底和书脊文字编辑排版及整体文字编辑后的效果

步骤⑦ 新建图层 4，选择矩形选框 □ 在书名位置绘制相应比例的矩形选区，对选区填充与封底同样的绿色，然后将该图层移至文字图层的下方，把书名原黑色填充成白色，最终效果如图 3-99 所示。

图 3-99　封面装饰效果设计

步骤⑧ 新建图层 5，选择矩形选框工具 □ 绘制相应比例的矩形选区，对选区填充与封底同样的绿色，然后执行【自由变化】命令对齐进行变形处理，最终效果如图 3-100 所示。

图 3-100　封面装饰效果设计

步骤⑨ 设计完封面所有文字的版式编辑及部分装饰图形，效果如图3-101所示。

图3-101 文字排版后的效果设计

步骤⑩ 在素材库中导入名称为"雕塑"的图片，然后选择工具箱中的自定义形状工具 中的五角星形状，在画面中绘制五角星路径选区，如图3-102所示。

步骤⑪ 执行窗口/路径命令并将其载入选区，然后执行Ctrl+Shift+I组合键，对选区"反选"，单击Delete键，删去多余的图形，效果如图3-103所示。

图3-102 导入图片及路径绘制　　　　　　图3-103 载入选取及制作五星效果图形

步骤⑫ 将五星调至合适位置后，为其执行描边处理，先对其描绿色的外边后描红金色边，效果如图3-104所示。

图3-104 五星描边效果

步骤⑬ 在封底处导入素材库中名为"石屋"的图片，执行Ctrl+T组合键对其进行大小和位置编辑，效果如图3-105所示。然后设置图层的混合模式为"变暗"，效果如图3-106所示。

图3-105 编辑导入图片大小　　　　　图3-106 导入图片效果处理

步骤⑭ 最终书籍平面展开设计效果图如图 3-107 所示。

步骤⑮ 制作书籍立体效果：合并除了背景以外的所有图层，如图 3-108 所示。

图 3-107 最终平面展开设计效果图　　　　　　图 3-108 合并所有图层

步骤⑯ 用矩形选框工具选中封面部分，然后按 Ctrl+C 组合键，再按 Ctrl+V 组合键，以复制封面为单独图层。以同样办法复制封底和书脊部分。效果如图 3-109 所示。

图 3-109 分别复制封面、封底、书脊为单独图层

步骤⑰ 选择封面和书脊两个图层，对其进行立体效果编辑，即分别按 Ctrl+T 组合键进行自由变换，效果如图 3-110 所示。

步骤⑱ 最终制作完毕的立体效果图如图 3-111 所示。然后按 Ctrl+S 组合键，将此文件命名为"书籍.jpg"并保存。

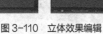

图 3-110 立体效果编辑　　　　　　　　　图 3-111 设计制作完毕的书籍立体效果

小结

本章主要学习了选择工具、选择命令和移动工具的使用方法，包括选区的创建和编辑、图像的移动和复制等知识点。通过本章的学习，读者应在掌握这些基本工具和命令的基础上，熟悉各工具的属性栏及各功能之间的联系和区别，以便在以后的绘图过程中能运用自如。另外，移动工具的应用是本章的重点内容，特别是图像的变换操作，它可以将图像进行随意缩放、旋转、斜切、扭曲或透视处理，从而制作出各种图像效果。

习题

1. 打开素材文件中"图库\第 03 章"目录下的"花束.jpg"文件，灵活运用各选择工具将背景选择并去除，得到图 3-112 所示的背景透明效果。

图 3-112　打开的素材图片及去除背景后的效果

2. 打开素材文件中"图库\第 03 章"目录下的"剪纸-福字.jpg"和"剪纸-蝴蝶.jpg"文件，利用移动工具并进行复制操作，制作出图 3-113 所示的剪纸窗花效果。

图 3-113　打开的素材图片及复制得到的剪纸窗花效果

3. 打开素材文件中"图库\第 03 章"目录下的"手提袋.jpg"文件，灵活运用【编辑】/【变换】命令，对其进行立体变形，制作出图 3-114 所示的手提袋立体效果。

图 3-114　图片制作成的手提袋立体效果

04

第4章
绘画工具与编辑图像命令

　　各种绘画工具和编辑图像命令是绘制图形和处理图像最基本的工具和命令。绘画工具组包括画笔工具 、铅笔工具 、颜色替换工具 、混合器画笔工具 ；编辑图像命令是指【编辑】菜单下的各命令。用户熟练掌握这些工具和命令的应用，可大大提高图像处理的效率。

4.1　绘画

绘画工具组中包括画笔工具 ，铅笔工具 ，颜色替换工具 和混合器画笔工具 。这 4 个工具的主要功能是绘制图形和修改图像颜色。灵活运用绘画工具，可以绘制出各种各样的图像效果，可以将设计思想最大限度地表现出来。

4.1.1　使用绘画工具

绘画工具的工作原理如同实际绘画中的画笔和铅笔一样，其基本使用方法介绍如下。

① 在工具箱中选择相应的绘画工具，设置前景色。

② 在画笔工具 的属性栏中设置画笔笔尖的大小和形状，在属性栏中设置画笔的绘制属性。

③ 新建所要绘制图形的图层，以方便后期修改和编辑。

④ 按住鼠标左键并拖曳即可在图像文件中绘制出想要表现的画面，如图 4-1 所示。

图 4-1　绘画工具的基本使用方法

4.1.2　选择画笔

在开始绘画前，先选择使用的画笔工具。

1. 显示【画笔】面板

① 在工具箱中选择画笔工具后，属性栏中即可显示出所选择的画笔及相关设置的属性，单击【画笔】按钮 ，弹出图 4-2 所示的【画笔笔头】设置面板。

② 执行【窗口】/【画笔】命令（按 F5 键或单击属性栏中的 按钮），打开图 4-3 所示的【画笔】面板。单击面板左上角的 画笔预设 按钮，将弹出【画笔预设】面板，如图 4-4 所示。

图 4-2　【画笔笔头】设置面板

图 4-3　【画笔】面板　　图 4-4　【画笔预设】面板

单击【画笔笔头】设置面板右上角的 ⊙ 按钮或【画笔预设】面板右上角的 ▼ 按钮，将弹出相同的菜单命令，选择其中的【纯文本】、【小缩略图】、【大缩略图】、【小列表】、【大列表】或【描边缩略图】等命令，可以得到不同形态的画笔。如果在菜单命令中选择【载入画笔】命令，再在弹出的【载入】对话框中选择画笔文件，那么，单击 载入(L) 按钮即可载入新的画笔样式。如果要恢复系统默认的画笔预设，在菜单中选择【复位画笔】命令即可。

2. 选择画笔

可以使用以下两种操作方法在【画笔】面板中选择画笔。当下一次再使用的时候，系统会记忆这次所选的工具。

① 使用鼠标在【画笔】面板中选择。

② 按 Shift+<组合键，可选择【画笔】面板中第一个画笔；按 Shift+>组合键，可选择【画笔】面板中最后一个画笔。

4.1.3　设置画笔

设置画笔操作主要包括设置画笔的大小、笔尖形状及样式等。Photoshop CS6 为用户提供了非常多的画笔，可以选择现有预设画笔，也可以修改预设画笔设计新画笔，还可以自定义创建属于自己的画笔。

1. 设置画笔直径

设置画笔直径的方法有以下 3 种。

① 在工具箱中选择画笔工具 ✐ 后，单击属性栏中的【画笔】按钮 ∷，在弹出的【画笔笔头】设置面板中直接修改【大小】选项的参数。

② 单击属性栏中的 按钮，在弹出的【画笔】面板中直接修改【大小】参数。

③ 选择画笔工具 ✐ 后，在英文输入状态下，按键盘上的[键可以减小画笔笔头大小，按]键可以增大画笔笔头大小。

2. 设置画笔笔尖形状

按 F5 键或单击属性栏中的 按钮，打开图 4-5 所示的【画笔】面板。

该面板由 3 部分组成，左侧部分主要用于选择画笔的属性；右侧部分用于设置画笔的具体参数；最下面部分是画笔的预览区域。在设置画笔时，先选择不同的画笔属性，然后在其右侧的参数设置区中设置相应的参数，就可以将画笔设置为不同的形状了。

① 【画笔笔尖形状】参数。

单击【画笔】面板左侧的【画笔笔尖形状】选项，右侧显示的【画笔笔尖形状】参数如图 4-5 所示。

② 【形状动态】参数。

图 4-5　绘制的形状图形及【画笔笔尖形状】参数

通过对笔尖的【形状动态】参数的调整，可以设置画线时笔尖的大小、角度和圆度的变化情况。【形状动态】选项可以使画笔工具绘制出来的线条产生一种很自然的笔触流动效果。选择此选项后的【画笔】面板如图 4-6 所示。

③ 【散布】参数。

调整【散布】参数，可以设置笔尖沿鼠标拖曳的路径向外扩散的范围，从而产生一种笔触的散射效果。选择该选项后的【画笔】面板如图4-7所示。

图4-6 绘制的图形及【形状动态】参数

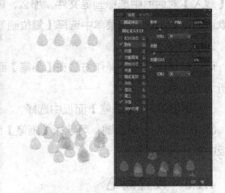

图4-7 绘制的图形及【散布】参数

④ 【纹理】参数。

设置【纹理】参数，可以使画笔中产生图案纹理效果。选择该选项后的【画笔】面板如图 4-8 所示。

⑤ 【双重画笔】参数。

调整【双重画笔】参数，可以使笔尖产生两种不同纹理的笔尖相交的效果。选择该选项后的【画笔】面板如图4-9所示。

图4-8 绘制的图形及【纹理】参数

图4-9 绘制的图形及【双重画笔】参数

⑥ 【颜色动态】参数。

调整【颜色动态】参数，可以使笔尖产生两种颜色及图案进行不同程度混合的效果，并且可以调整其混合颜色的色相、饱和度、纯度等。选择该选项后的【画笔】面板如图4-10所示。

⑦ 【传递】参数。

调整【传递】参数，可以设置画笔绘制出颜色的不透明度，还可以使颜色之间产生不同的流动效果。选择该选项后的【画笔】面板如图4-11所示。

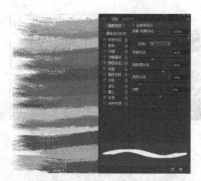

图 4-10 绘制的图形及【颜色动态】参数

图 4-11 绘制的图形及【传递】参数

4.1.4 设置画笔属性

利用画笔工具 ✐ 绘制图像时,在属性栏中设置画笔的属性是不可缺少的步骤。画笔工具 ✐ 的属性栏如图 4-12 所示。

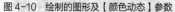

图 4-12 画笔工具的属性栏

> **提示**
>
> 在输入法为英文输入状态下,可以通过按键盘上的数字键来改变画笔的不透明度参数:1~9 分别代表 10%~90%,0 代表 100%。例如,当按键盘上的数字键 3 时,可以将画笔的不透明度设置为 30%。

画笔工具 ✐ 的属性栏中有一个【自动抹掉】复选项,这是画笔工具 ✐ 所具有的特殊功能。勾选此复选项并在图像内绘制颜色时,如果在与前景色相同的颜色区域绘画,铅笔会自动擦除此处的颜色而显示工具箱中的背景颜色;如果在与前景色不一样的颜色区绘画,绘制出的颜色将是前景色。

4.1.5 定义画笔

除了上面介绍的画笔工具 ✐ 自带的笔尖形状外,还可以将自己喜欢的图像或图形定义为画笔笔尖。下面介绍定义画笔笔尖的方法。

① 使用矩形选框工具 ▭ 或椭圆选框工具 ◯ 在图像中选择要作为画笔的图像区域,如果希望创建的画笔带有锐边,就应当将选框工具属性栏中的【羽化】参数设置为"0 像素";如果要定义具有柔边的画笔,可适当设置选区的【羽化】参数。

② 执行【编辑】/【定义画笔预设】命令,在弹出的【画笔名称】对话框中设置画笔的名称,单击 确定 按钮。此时,在【画笔笔尖】面板的最后即可查看到定义的画笔笔尖。

4.1.6 替换图像颜色

颜色替换工具 ✐ 是一个非常不错的对图像颜色进行替换的工具,其使用方法为:在工具箱中选择该工具,设置为图像要替换的前景色,在属性栏中设置【画笔笔尖】、【模式】、【取样】、【限制】及【容差】等选项,将鼠标指针移至图像中要替换颜色的位置,按住鼠标左键并拖曳鼠标,即可用设置的前景色替换鼠标拖曳位置的颜色。图 4-13 所示为照片原图与替换颜色后的效果。

图 4-13 彩图

图 4-13　图像原图与替换颜色后的效果

颜色替换工具 的属性栏如图 4-14 所示。

模式：颜色　　　　　限制：不连续　容差：24%　✓ 消除锯齿

图 4-14　颜色替换工具的属性栏

4.1.7　混合图像

混合器画笔工具 可以借助混色器画笔和毛刷笔尖，创建逼真、带纹理的笔触，轻松地将图像转变为绘画效果或创建独特的艺术效果。比如，混合画布上的颜色、组合画笔上的颜色或绘制过程中使用不同的绘画湿度等。图 4-15 所示为原图片及处理后的绘画效果。

图 4-15 彩图

图 4-15　原图片及处理后的绘画效果

混合器画笔工具 的使用方法非常简单：选择混合器画笔 工具，然后设置合适的笔头大小，再在属性栏中设置好各选项参数后，拖动鼠标即可将照片涂抹出油画或水粉画等效果。

混合器画笔工具 有两个绘画色管：一个是储槽，另一个是拾取器。储槽色管存储最终应用于画布的颜色，并且具有较多的油彩容量。拾取器色管接收来自画布的油彩，其内容与画布颜色是连续混合的。

混合器画笔工具 的属性栏如图 4-16 所示。

自定　　　　　潮显：87%　载入：50%　混合：50%　流量：100%　　　对所有图层取样

图 4-16　混合器画笔工具的属性栏

4.1.8　建筑插画——绘画工具练习

该案例练习将通过画笔工具 及相关命令的综合使用来实现技术与艺术的结合。

步骤❶ 新建一个【宽度】为"29 厘米"、【高度】为"21 厘米"、【分辨率】为"300 像素/英寸"、【颜色模式】为"RGB 颜色"、【背景内容】为"白色"的文件，如图 4-17 所示。

步骤❷ 选择画笔工具 ，单击属性栏中的 按钮，在弹出的【画笔】面板中设置各选项及参数，画笔【大小】设为"7 像素"（注：画笔大小根据所绘图形的实际需要而定，实践经验是关键），【硬度】为"100%"，如图 4-18 所示。

图 4-17　新建文件参数设置

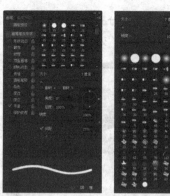
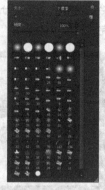

图 4-18　【画笔】面板各选项及参数设置

步骤③ 新建"图层 1"，将前景色设置为白色，然后选择画笔工具 ✐ 绘制建筑的局部。在绘制线稿的过程中，为使画面更美观，可结合键盘中的 Shift 键分别画出长和短的直线。绘画效果如图 4-19 所示。

步骤④ 继续绘制其余部分，在绘制的过程中要有一定的耐心，特别是画面图形元素多且比较复杂，在画相同的图形时，可以绘制一个图形，然后复制、粘贴，这样可以提高绘画效率。选择矩形选框工具 □ 和画笔工具 ✐，绘制其余部分，如图 4-20 所示。

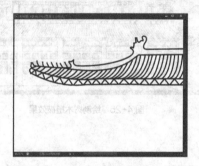
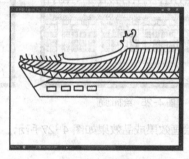

图 4-19　画笔绘制的线稿

图 4-20　画笔及矩形选框工具绘制

步骤⑤ 执行同样方法完成建筑绘画的上部分，如图 4-21 所示。

步骤⑥ 继续绘制建筑的中间部分，弧线及曲线部分可以用画笔工具 ✐ 直接绘制，要想画出规范的线条，就需要有一定的实践经验和大量的练习，否则画出的线条将不流畅。直线部分可结合 Shift 键操作，如图 4-22 所示。

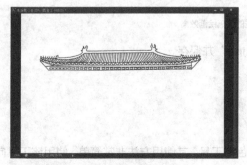
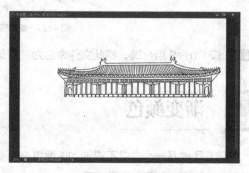

图 4-21　建筑顶部绘制

图 4-22　绘制直线

步骤 7　绘制建筑的上半部分主体，效果如图 4-23 所示。

步骤 8　完成建筑主体绘制，效果如图 4-24 所示。

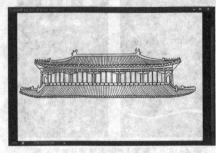

图 4-23　绘制建筑上半部分

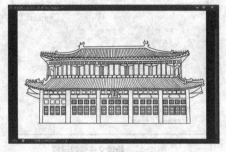

图 4-24　绘制主体建筑

步骤 9　绘制建筑下方的地面效果，以增强立体空间感，效果如图 4-25 所示。

步骤 10　在建筑两侧绘制树木效果，可直接用画笔工具 绘制，也可用钢笔工具 等路径工具绘制，如图 4-26 所示。

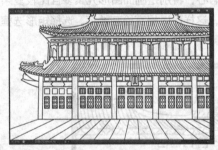

图 4-25　绘制地面

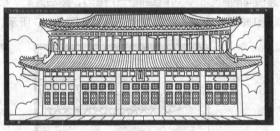

图 4-26　绘制树木植被效果

步骤 11　建筑绘画效果成品效果如图 4-27 所示。

图 4-27　绘制完成的建筑绘画效果

步骤 12　按 Ctrl+S 组合键，将此文件命名为"建筑.jpg"并保存。

4.2　渐变颜色

渐变工具 是一个非常不错的向图像填充渐变色的工具，其使用方法非常简单。使用该工具向图像填充渐变色的基本操作步骤如下。

步骤① 在工具箱中选择渐变工具 █。
步骤② 在图像文件中设置需要填充的图层或创建选区。
步骤③ 在属性栏中设置渐变方式和渐变属性。
步骤④ 打开【渐变编辑器】对话框，选择渐变样式或编辑渐变样式。
步骤⑤ 将鼠标指针移动到图像文件中，按下鼠标左键并拖曳鼠标，释放鼠标左键后即可完成渐变颜色的填充。

4.2.1　设置渐变样式

单击属性栏中 █ 右侧的 ▾ 按钮，弹出图 4-28 所示的【渐变样式】面板。在该面板中显示了许多渐变样式的缩略图，在缩略图上单击即可选择该渐变样式。

单击【渐变样式】面板右上角的 ⊙ 按钮，即可弹出菜单列表。该菜单中有一部分命令与画笔工具 █ 的菜单列表相同，在此不再赘述。该菜单下面的部分命令是系统预设的一些渐变样式，选择后即可载入【渐变样式】面板中，如图 4-29 所示。

 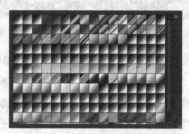

图 4-28　【渐变样式】面板　　　　图 4-29　载入的渐变样式

4.2.2　设置渐变方式

渐变工具 █ 的属性栏中包括【线性渐变】、【径向渐变】、【角度渐变】、【对称渐变】和【菱形渐变】5 种渐变方式。当选择不同的渐变方式时，填充的渐变效果也各不相同。

◎ 【线性渐变】按钮 █：可以在画面中填充由鼠标指针的起点到终点的线性渐变效果，如图 4-30 所示。

◎ 【径向渐变】按钮 █：可以在画面中填充以鼠标指针的起点为中心、以拖曳距离为半径的环形渐变效果，如图 4-31 所示。

图 4-30　线性渐变的效果　　　　图 4-31　径向渐变的效果

◎ 【角度渐变】按钮 █：可以在画面中填充以鼠标指针起点为中心、自拖曳方向起旋转一周的锥形渐变效果，如图 4-32 所示。

◎ 【对称渐变】按钮 █：可以产生由鼠标指针起点到终点的，以经过鼠标指针起点、与拖曳方向垂直的直线为对称轴的轴对称直线渐变效果，如图 4-33 所示。

◎ 【菱形渐变】按钮■：可以在画面中填充以鼠标指针的起点为中心，以拖曳的距离为半径的菱形渐变效果，如图 4-34 所示。

图 4-32 角度渐变的效果

图 4-33 对称渐变的效果

图 4-34 菱形渐变的效果

4.2.3 设置渐变选项

合理地设置渐变工具■属性栏中的渐变选项，才能达到要求填充的渐变颜色效果。渐变工具■的属性栏如图 4-35 所示。

图 4-35 渐变工具的属性栏

◎ 【点按可编辑渐变】按钮■：单击颜色条部分，将弹出【渐变编辑器】对话框，用于编辑渐变色；单击右侧的▼按钮，将弹出【渐变选项】面板，用于选择已有的渐变选项。

◎ 【模式】：与其他工具相同，用来设置填充颜色与原图像所产生的混合效果。

◎ 【不透明度】：用来设置填充颜色的不透明度，值越小越透明。

图 4-36 【渐变编辑器】对话框

◎ 【反向】：勾选此复选项，可在填充渐变色时颠倒填充的渐变排列顺序。

◎ 【仿色】：勾选此复选项，可以使渐变颜色之间的过渡更加柔和。

◎ 【透明区域】：勾选此复选项，【渐变编辑器】对话框中渐变选项的不透明度才会生效，否则，系统将不支持渐变选项中的透明效果。

4.2.4 编辑渐变颜色

在渐变工具■属性栏中单击【点按可编辑渐变】按钮■的颜色条部分，将会弹出【渐变编辑器】对话框，可选择和设置不同的渐变效果，如图 4-36 所示。

4.2.5 制作纪念章——渐变工具练习

本节将通过制作一个活动纪念章来帮助读者掌握渐变工具■等的使用方法。

步骤❶ 新建一个【宽度】为"15 厘米"、【高度】为"15 厘米"、【分辨率】为"300 像素/英寸"、【颜色模式】为"RGB 颜色"、【背景内容】为"白色"的文件，如图 4-37 所示。

微课 5
渐变工具练习

步骤② 按 Ctrl+R 组合键,调出标尺,然后将鼠标指针依次移动到水平和垂直标尺中,按住鼠标左键并向画面中拖曳,在画面的中心位置分别添加水平参考线和垂直参考线,如图 4-38 所示。

步骤③ 选择椭圆选框工具 ◎,按住 Shift+Alt 组合键,然后将鼠标指针移动到参考线的交点位置,按住鼠标左键并拖曳,以参考线的交点位置为圆心绘制出图 4-39 所示的圆形选区。

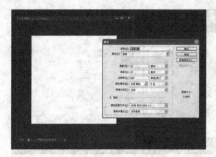  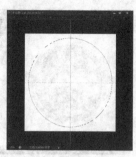

图 4-37 新建文件及相关设置　　　图 4-38 添加参考线　　　图 4-39 绘制圆形选区

步骤④ 新建"图层 1",选择渐变工具 ■,再单击属性栏中 ■■■■｜· 的颜色区域,弹出【渐变编辑器】对话框,选择图 4-40 所示的渐变样式。

步骤⑤ 选择色带下方左侧的色标,然后单击【颜色】色块 ■■■｜▶,在弹出的【拾色器】对话框中将左 (0%)、右 (100%) 边色标颜色均设置为金色 (R:190,G:140,B:35),如图 4-41 所示。

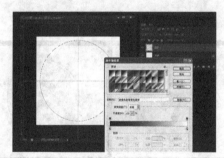 

图 4-40 选择的渐变样式　　　　　　图 4-41 设置左、右色标

步骤⑥ 选择中间的色标,然后将颜色设置为浅金色 (R:240,G:230,B:120),如图 4-42 所示。

步骤⑦ 按住鼠标左键在圆形选区内由上往下拖动鼠标,然后释放鼠标,完成图 4-43 所示的纪念章底板渐变效果。选择椭圆选框工具 ◎,以圆心为中心点,画图 4-44 所示的圆。选择【曲线】命令加深选区。

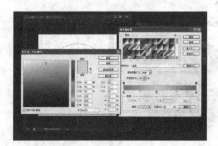 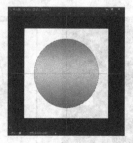 

图 4-42 设置的中间颜色　　　图 4-43 完成的渐变效果　　图 4-44 选区缩小调整后的效果

步骤⑧ 执行【图层】/【图层样式】命令，选择内圆图形图层，选择【斜面和浮雕】命令后根据制作需要设置相关的结构和阴影状态，然后单击 确定 按钮，得到图 4-45 所示的效果。

步骤⑨ 同样，执行【图层】/【图层样式】命令，选择外圆图形图层，选择【斜面和浮雕】命令后，根据制作需要设置相关的结构和阴影状态，然后单击 确定 按钮，得到图 4-46 所示的效果。

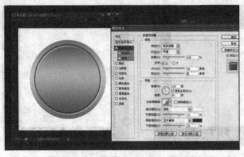
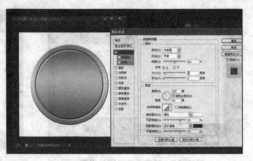

图 4-45　内圆执行图层样式后的效果　　　　　　图 4-46　外圆执行图层样式后的效果

步骤⑩ 打开素材文件中"图库\第 04 章"目录下的"活动标志.jpg"文件，将标志移动到纪念章画面中，调整大小后放置到图 4-47 所示的画面位置。

步骤⑪ 选择魔术棒工具 ，单击标志画面中的白底色部分，然后删除白色部分，仅保留标志主图形，画面效果如图 4-48 所示。

图 4-47　移动主标志效果　　　　　　　　图 4-48　主标志处理后的效果

步骤⑫ 选择文字横排文字工具 T ，单击属性栏中的 按钮，在弹出的【字符】面板中设置【字体】及【字号】参数，如图 4-49 所示，将文字的【颜色】设置为"白色"。

步骤⑬ 将鼠标指针移动到圆形图形任一位置，单击鼠标左键，插入输入光标，输入文字"我们的视角"，如图 4-50 所示。单击 按钮，即完成文字的输入。

图 4-49　文字输入设置　　　　　　图 4-50　输入中文后的效果

步骤⑭ 选择横排文字工具 T，鼠标左键双击"我们的视角"文字，载入可编辑选区。然后选择【创建文字变形】属性栏中【文字变形】/【扇形】操作命令，然后设置弯曲参数，单击 确定 按钮，完成图 4-51 所示的效果。

图 4-51　文字变形后的效果

步骤⑮ 把"我们的视角"文字执行【栅格化文字】命令操作，按住 Ctrl 键并单击"我们的视角"文字层的缩览图，将文字选区载入，效果如图 4-52 所示。

图 4-52　文字编辑选取后的效果

步骤⑯ 选择渐变工具，再单击属性栏中的按钮，将渐变类型设置为线性渐变。单击属性栏中的颜色条，在弹出的【渐变编辑器】对话框中，设置左、右边色标颜色均为金色（R:190,G:140,B:35），中间色标颜色为浅金色（R:240,G:230,B:120）如图 4-53 所示。编辑后的效果如图 4-54 所示。

图 4-53　加载的选区　　　　图 4-54　设置的渐变

步骤⑰ 编辑标志渐变效果，选择魔术棒工具，首先单点标志蓝色部分将其载入选区，效果如图 4-55

所示。选择前述的金色渐变效果并对其做渐变处理，效果如图 4-56 所示。

图 4-55 加载的选区   图 4-56 编辑选区渐变效果

步骤⑱ 执行与步骤 16 相同的操作，完成标志其余部分的效果处理如图 4-57 所示。

图 4-57 加载的选区和编辑选区渐变效果

步骤⑲ 选择椭圆选框工具，画圆形选取，然后选择【窗口】菜单中的【路径】命令，把圆形选取编辑成路径，再选择【文字工具】沿圆形可编辑路径输入 "/"，效果如图 4-58 所示。

图 4-58 编辑装饰线效果

步骤⑳ 把 "/" 载入选区，然后根据前面所执行的渐变操作对其做渐变效果处理，如图 4-59 所示。

图 4-59 加载的选区和编辑选区渐变效果

步骤㉑ 选择横排文字工具 T，将鼠标指针移动到底部，单击鼠标以插入输入光标并输入数字 "2018"，选择【创建文字变形】属性栏中【文字变形】/【扇形】操作命令，然后设置弯曲参数，单击 确定 按钮，得到图 4-60 所示的效果。

图 4-60　编辑数字效果

步骤 ㉒ 执行前述的金色渐变效果并对其做渐变处理，效果如图 4-61 所示。

图 4-61　数字渐变后的效果

步骤 ㉓ 主要元素制作完后，做纪念章的浮雕效果。选择【图层】/【图层样式】/【斜面和浮雕】效果，设置相关图层样式的指数，然后按照次序对标志、汉字、数字、装饰线做立体浮雕效果处理，如图 4-62 所示。

步骤 ㉔ 标贴制作完成，效果如图 4-63 所示。按 Ctrl+S 组合键，将此文件命名为"标贴.psd"并保存。

图 4-62　浮雕效果　　　　　　　　　　　　　　　　　　图 4-63　制作完毕的纪念章效果

4.3　编辑图像

本节将讲解菜单中的与编辑图像相关的命令。部分命令在前面章节中已经介绍了，图像处理过程中的恢复和撤销操作、复制和粘贴图像、给图像描边、定义和填充图案及图像的变换等是读者要重点掌握的命令。这些命令是进行图像特殊艺术效果处理的关键。

4.3.1　中断操作

在处理图像的过程中，有时需要花费较长的时间等待计算机对执行命令的处理。此时，状态栏中会显示操作过程的状态。在计算机未完成对执行命令的处理之前，可以按 Esc 键中断正在进行的操作。

4.3.2　恢复上一步的操作

在图像文件中执行任一操作后，【编辑】/【还原…】命令即显示为可用状态。当执行了错误的操作时，可通过该命令恢复上一步的操作。

执行【还原…】命令后，该命令将变为【重做…】命令。该命令可将刚才还原的操作恢复。按 Ctrl+Z 组合键可在【还原…】与【重做…】命令之间进行切换。

4.3.3　多次还原与重做

当对图像文件进行了多步操作，又想将其后退到原先的画面时，可连续执行【编辑】/【后退一步】命令，每执行一次将逐一后退到每一个画面；反复按 Alt+Ctrl+Z 组合键也可以后退。在此过程中，如连续执行【编辑】/【前进一步】命令，每执行一次将逐一前进到每一个画面。

默认情况下，【后退一步】和【前进一步】命令的可操作步数为 20 步，执行【编辑】/【首选项】/【性能】命令，在弹出的【首选项】对话框中修改【历史记录状态】选项的参数，可重定【前进一步】和【后退一步】的步数。

4.3.4　恢复到最近一次存盘

在对打开的图像文件执行了错误的操作后，执行【文件】/【恢复】命令或按 F12 键，可将图像文件快速恢复到最近一次存盘的图像内容。【恢复】与其他撤销不同，它的操作将作为历史记录添加到【历史记录】面板中，并可以还原。

Photoshop CS6 新增的背景保存功能可以在选择【存储】命令之后，在保存文件的同时仍可以继续工作，而无需等待保存完成。此项性能可以协助用户提高工作效率。

Photoshop CS6 的自动恢复功能可以自动还原恢复信息，如果在操作过程中软件意外"崩溃"，在下次启动软件时会自动恢复工作内容。此功能是将正在编辑的图像备份到暂存盘中的"PSAutoRecover"文件夹中，每隔 10 分钟便会存储一次用户工作内容，以便在意外关机时可以自动恢复用户的文件。自动恢复选项处于后台工作，所以不会影响到当前的工作。

4.3.5　渐隐恢复不透明度和模式

执行【编辑】/【渐隐…】命令，可对刚执行的一步操作的不透明度或模式按照指定的百分比参数渐渐地消退。它能作用于画笔工具、图章工具、历史记录画笔工具、橡皮擦工具、渐变工具、模糊工具、锐化工具、涂抹工具、减淡工具、加深工具和海绵工具等。

4.3.6　复制和粘贴图像

第 3 章讲解了利用移动工具 ▣ 并结合键盘操作来复制图像，利用【编辑】菜单栏中的【剪切】、【拷贝】和【合并拷贝】命令也可以复制图像。这 3 个命令所复制的图像是以计算机内存记忆的形式暂存在剪贴板中，再通过执行【粘贴】或【贴入】命令，将剪贴板上的图像粘贴到指定的位置。这样才能够完成一个复制图像的操作过程。

剪贴板是临时存储图像的计算机系统内存区域，每次将指定的图像剪切或复制到剪贴板中。此图像将会覆盖前面已经剪切或复制的图像，即剪贴板中只能保存最后一次剪切或复制的图像。执行【编辑】/【清理】/【剪贴板】或【全部】命令，可以清除剪贴板中存储的图像。

1. 复制图像

复制图像的操作方法如下。

　　① 执行【编辑】/【剪切】命令（快捷键为 Ctrl+X 组合键），可以将当前层或选区中的图像剪切到剪贴板中。此时，原图像文件被破坏。

　　② 执行【编辑】/【拷贝】命令（快捷键为 Ctrl+C 组合键），可以将当前层或选区中的图像复制到剪贴板中。此时，原图像文件不会被破坏。

　　③ 当图像文件中有两个以上的图层时，用户可通过执行【编辑】/【合并拷贝】命令（快捷键为 Shift+Ctrl+C 组合键），将当前层与其下方层选区内的图像合并复制到剪贴板中。

　　【剪切】命令的功能与【拷贝】命令相似，只是这两种命令复制图像的方法不同。【剪切】命令是将所选择的图像从原图像中剪掉后复制到剪贴板中，原图像被破坏；【拷贝】命令是在原图像不被破坏的情况下，将选择的图像复制到剪贴板中。

2. 粘贴图像

执行下面的操作，可以将剪贴板中的图像粘贴到当前文件中。

　　① 执行【编辑】/【粘贴】命令（快捷键为 Ctrl+V 组合键），可以将剪贴板中的图像粘贴到当前文件中。此时，【图层】面板中会自动生成一个新的图层。

　　② 执行【编辑】/【选择性粘贴】/【原位粘贴】命令（快捷键为 Shift+Ctrl+V 组合键），可以根据需要在复制图像的原位置粘贴图像。

　　③ 创建了选区后，执行【编辑】/【选择性粘贴】/【贴入】命令（快捷键为 Alt+Shift+Ctrl+V 组合键），可将剪贴板中的图像粘贴到当前选区内；执行【编辑】/【选择性粘贴】/【外部粘贴】命令，可将剪贴板中的图像粘贴到选区以外。

4.3.7　删除所选图像

删除所选图像的操作方法有以下几种。

1. 菜单法

① 利用选框工具选择所要删除的图像。

② 执行【编辑】/【清除】命令，选区内的图像将被清除。如果是背景层中的图像，图像被删除后，选区内将由背景色填充。

2. 快捷键法

① 利用选框工具选择所要删除的图像。

② 按 Delete 键或 Backspace 键，选区内的图像将被清除。如果是背景层中的图像，删除图像

后，选区内将由背景色填充。

③ 按 Shift+Alt+Delete 组合键或 Shift+Alt+ Backspace 组合键，选区内的图像将被清除，选区内将由前景色填充。

4.3.8 图像描边

在 Photoshop 中，给图像描边的方法有两种，一种是执行【图层】/【图层样式】/【描边】命令，另一种是执行【编辑】/【描边】命令。【图层样式】命令详见 8.1.15 小节的讲解。

执行【编辑】/【描边】命令后，会弹出图 4-64 所示的【描边】对话框。

◎ 【宽度】：用于设置描边的宽度。

◎ 【颜色】：单击颜色色块，可以设置描边的颜色。

◎ 【位置】：包括【内部】、【居中】和【居外】3 个选项，分别用于确定描边的位置是在边缘内、边缘两边还是边缘外描绘。

◎ 【模式】：用于确定描边后颜色的混合模式。

◎ 【不透明度】：用于确定描边的不透明程度。

◎ 【保留透明区域】：勾选此复选项，将锁定当前层的透明区域。在进行描边时，只能在不透明区域内进行。当选择背景层时，此选项不可用。

图 4-65 所示为文字原图与选择不同位置的描边效果。

图 4-64　【描边】对话框

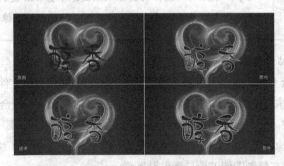

图 4-65　文字原图与选择不同位置的描边效果

4.3.9 定义和填充图案

利用【编辑】菜单中的【定义图案】和【填充】命令，可以把已有的图案定义为图案样本并进行填充，得到单个样本图案平铺的效果，如图 4-66 所示。

图 4-66　单个样本图案和定义填充后的图案

1. 定义图案

定义图案的操作步骤如下。

步骤① 准备单个样本图案，可以是打开的任意的图像文件，也可以使用矩形选框工具▦选择图像的局部。注意，使用矩形选框工具▦选择图像时，属性栏中的【羽化】值设置必须为"0"。如果此选项具有羽化值，【定义图案】命令就不能执行。

步骤② 执行【编辑】/【定义图案】命令。

步骤③ 在弹出的【图案名称】对话框中输入图案的名称。

步骤④ 单击 确定 按钮，即可将图层中的图像或添加选区的图像定义为图案。此时，【图案样式】面板的最后将显示定义的新图案，如图 4-67 所示。

图 4-67　定义的图案

2. 填充图案

填充图案的方法有以下 3 种。

① 选择油漆桶工具，在属性栏的最左侧设置【图案】选项，单击按钮，在弹出的【图案样式】面板中选择图案，然后，在图像文件中单击即可填充出图案。

② 执行【编辑】/【填充】命令，弹出【填充】对话框，在【使用】下拉列表中选择【图案】选项，然后，单击【自定图案】按钮，在弹出的【图案样式】面板中选择图案，单击 确定 按钮，完成填充图案操作。

③ 选择图案图章工具，单击属性栏中的按钮，在弹出的【图案样式】面板中选择图案，然后按住鼠标左键并拖曳鼠标，即可在图像文件中绘制出图案。

4.3.10　消除图像黑边或白边

利用选框工具选择并移动图像位置或复制图像的操作过程中，当从黑色背景的图像中选择了图像，将其移动复制到白色背景中，或者从白色背景中选择图像，移动复制到黑色背景中时，往往会出现令人不满意的黑边或白边，如图 4-68 所示。

执行【图层】/【修边】命令，在弹出的【修边】子菜单中根据图像边缘留下的杂色情况执行相应的命令，即

图 4-68　未去除的黑边　　图 4-69　去除黑边后的效果

可移除图像边缘的黑边或白边，效果如图 4-69 所示。执行【去边】命令时，弹出的【去边】对话框中的【宽度】参数最好不要超过数值"2"，否则，建议重新选择图像，以保证图像的质量。

4.4　综合案例——红酒瓶设计制作

本节将通过绘制玻璃瓶子容器，练习渐变工具及所学工具的使用方法及制作技巧。

微课 6
红酒瓶设计制作

⛏　绘制软体包装

步骤① 新建一个【宽度】为"20 厘米"、【高度】为"30 厘米"、【分辨率】为"200 像素/英寸"、【颜色模式】为"RGB 颜色"、【背景内容】为"白色"的文件，如图 4-70 所示。

步骤② 选择钢笔工具，绘制瓶子的瓶口和瓶颈部分，绘制效果如图 4-71 所示。

<table>
图 4-70　新建文件　　　　　　　　图 4-71　绘制瓶口路径选区
</table>

步骤③ 继续使用钢笔工具 ∅ 绘制瓶子的瓶身部分，绘制完整的酒瓶路径，效果如图 4-72 所示。

步骤④ 鼠标放在画面任意点，然后单击鼠标右键，可弹出对话框，如图 4-73 所示，在对话框中单击【建立选区】命令。

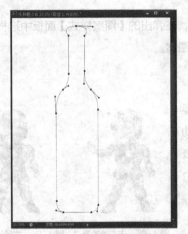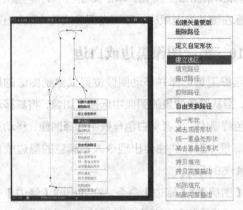

图 4-72　绘制的完整的酒瓶路径选区　　　　图 4-73　对路径选区建立可编辑选区

步骤⑤ 单击 ▢确定 按钮，可弹出【建立选区】对话框，然后设置相应的参数，如图 4-74 所示。再单击 ▢确定 按钮将路径选取变为可编辑的选取，效果如图 4-75 所示。

步骤⑥ 新建图层，选择工具箱中的渐变工具 ▣，对色标的相关选项进行设置，如图 4-76 所示。

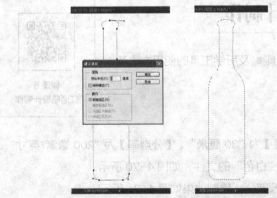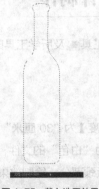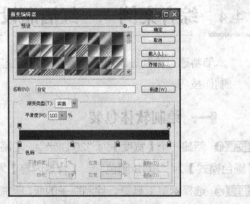

图 4-74　设置选区　　图 4-75　载入选区效果　　图 4-76　渐变色标设置

步骤⑦ 执行渐变效果处理，在瓶子选取位置由左往右拖动鼠标，然后松开鼠标，完成瓶子的渐变立体效果的初步设置，如图 4-77 所示。然后按 Ctrl+D 组合键消除选区。

步骤⑧ 选择椭圆选框工具◎，在瓶口处绘制与瓶口相符合的椭圆，如图 4-78 所示。

图 4-77　完成渐变后的瓶子效果

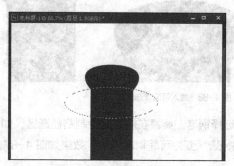

图 4-78　绘制瓶口椭圆选区

步骤⑨ 执行【选择】菜单中的【反向】命令，将瓶口选区反选，制作出图 4-79 所示的效果。

步骤⑩ 选择工具箱中的加深工具◎，设置合适的笔头大小后，将鼠标指针移动到瓶口需要加深处理的选区，对图形的进行加深处理，效果如图 4-80 所示。按 Ctrl+D 组合键，去除选区后的效果如图 4-81 所示。

图 4-79　选区反选效果

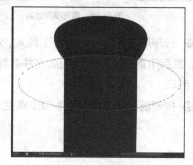

图 4-80　绘制的选区

步骤⑪ 选择钢笔工具 ☑ 在瓶口左侧绘制高光效果的路径选区如图 4-82 所示。然后单击鼠标右键，在弹出的对话框中将路径选区变为可编辑的选区，效果如图 4-83 所示。

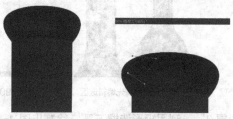

图 4-81　加深后的效果　　图 4-82　高光处路径图形绘制

步骤 ⑫　新建图层，将选区填充为白色，如图 4-84 所示，然后选择【滤镜】/【模糊】/【高斯模糊】
对高光处做模糊处理，效果如图 4-85 所示。

图 4-83　载入可编辑选区　　　　　　　　　　　　　　图 4-84　高光选区填色

步骤 ⑬　选择钢笔工具 ✎ 在瓶颈处绘制路径选区，如图 4-86 所示。然后单击鼠标右键在弹出的对话
框中将路径选区变为可编辑的选区，效果如图 4-87 所示。

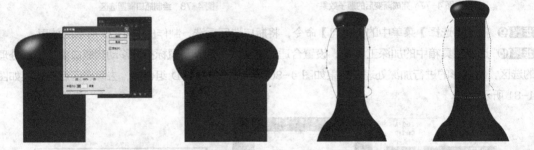

图 4-85　高光模糊效果　　　　　　　　　图 4-86　载入路径选区　　　图 4-87　载入可编辑选区

步骤 ⑭　选择加深工具 ✎ 和减淡工具 ✎，对瓶颈处做减淡和加深效果处理，做出立体效果，如图 4-88
所示。然后用钢笔工具 ✎ 绘制高光并新建图层，载入选区填充白色并进行模糊效果处理，效果如图
4-89 所示。

步骤 ⑮　按照前面同样操作程序和步骤完成对瓶身和瓶底的操作，玻璃瓶最终效果如图 4-90 所示。

图 4-88　瓶口立体效果处理　　　　图 4-89　高光编辑选区　　　　图 4-90　完成的葡萄酒瓶效果

步骤 ⑯　瓶贴制作：新建"图层 2"，利用矩形选框工具 ▢ 绘制出图 4-91 所示的矩形选区。

步骤⑰ 选择渐变工具 ■，单击属性栏中的 ■■■■ 按钮，在弹出的【渐变编辑器】对话框中设置渐变颜色，如图 4-92 所示。

步骤⑱ 单击 确定 按钮，然后，将鼠标指针移动到选区内，按住鼠标左键并自左向右拖曳鼠标，为选区填充图 4-93 所示的渐变色，再按 Ctrl+D 组合键，去除选区。

图 4-91 绘制瓶贴矩形选区　　图 4-92 设置的渐变颜色　　图 4-93 填充的渐变色

步骤⑲ 选择属性栏中【编辑】/【变换】/【变形】命令，然后，分别调整变形框下方两个角点的位置，将图形调整至图 4-94 所示的形态，再按 Enter 键，确认图形的变形形态。

步骤⑳ 新建"图层"，利用套索工具 ○ 绘制抽象的山形选区，为其填充深灰色，如图 4-95 所示。

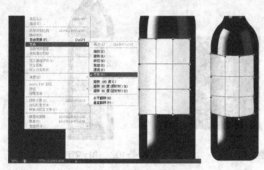 

图 4-94 变形后的形态　　　　　图 4-95 套索工具绘制山形并填色

步骤㉑ 然后按 Ctrl+C 组合键和 Ctrl+V 组合键复制山形图形，在图层面板中设置不同层次的【不透明度】，完成图 4-96 所示的效果。

步骤㉒ 利用横排文字工具 T，设置相关的参数，在标签上输入图 4-97 所示的文字。

图 4-96 山形处理效果　　　　　图 4-97 输入的英文文字

步骤㉓ 对文字进行编辑，按 Ctrl+T 组合键调整文字大小到合适位置，如图 4-98 所示。然后鼠标单击文字图层，将英文字母栅格化，如图 4-99 所示。选择属性栏中【编辑】/【变换】/【变形】命令，

然后，分别调整变形框下方两个角点的位置，将英文字母调整至图 4-100 所示的形态，再按 Enter
键，确认文字的变形形态。

图 4-98 调整文字大小　　　　图 4-99 栅格化文字　　　　图 4-100 制作文字立体效果

步骤 24 利用横排文字工具 T，设置相关的参数，在标签上输入图 4-101 所示的小英文文字。然后将
英文字母栅格化，选择属性栏中【编辑】/【变换】/【变形】命令，将英文字母调整至图 4-102 所示
的形态，再按 Enter 键，确认文字的变形形态。

图 4-101 输入文字并调整文字大小　　　　图 4-102 执行文字立体效果

步骤 25 选择自定形状工具，单击属性栏中【形状】选项右侧的·按钮，在弹出的【自选形状】选项
面板中单击右上角的 按钮，如图 4-103 所示。选择猫型图案，在画面中拖动鼠标，绘制大小合适
的图形，如图 4-104 所示。然后将猫形图案载入可编辑选区，填充颜色，如图 4-105 所示。

图 4-103 自选形状对话框　　　图 4-104 绘制图形　　　图 4-105 填充图形颜色及确定位置

步骤 26 最终完成的效果如图 4-106 所示。按 Ctrl+S 组合键，将此文件命名为"红酒瓶.jpg"并保存。

图 4-106　最终完成的效果

小结

本章主要讲解了绘画工具、渐变工具和编辑图像的菜单命令。掌握这些工具和命令对于学好 Photoshop CS6 的应用是至关重要的。读者应在深刻理解每一个工具和命令的功能与使用方法的前提下，多动手做一些练习。这样才能掌握这些工具和命令。

习题

1. 利用【定义画笔预设】命令，将输入的文字定义为画笔笔头，然后，利用画笔工具 ✒️ 绘制出图 4-107 所示的纹理效果。

2. 灵活运用各种选框工具、渐变工具 ▇ 及【自由变换】命令，绘制出如图 4-108 所示的几何体。

图 4-107　绘制的纹理效果

图 4-108　绘制的几何体

05

第 5 章
图像的修复与修饰

本章主要介绍图像修复工具及修饰工具。利用修复工具可以轻松修复破损或有缺陷的图像。如想去除照片中多余或不完整的区域，利用修复工具也可以轻松地完成。修饰工具是为照片制作各种特效的快捷工具，其可实现模糊、锐化、减淡和加深等效果。通过本章的学习，读者应能熟练掌握这些工具的使用方法，以便在实际工作过程中灵活运用。

5.1　裁剪工具组

除了利用【图像大小】和【画布大小】修改命令修改图像，用户还可以使用裁剪的方法来修改图像。裁剪工具组是调整图像大小必不可少的工具。用户通过该工具可以对图像进行重新构图裁剪、按照固定的大小比例裁剪、旋转裁剪及透视裁剪等操作。

5.1.1　重新构图并裁剪照片

在处理照片的过程中，当主要景物太小而周围的多余空间较大的照片时，就可以利用裁剪工具 对其进行裁剪处理，使照片的主体更为突出。

✂ 重新构图并裁剪照片

步骤① 打开素材文件中"图库\第 05 章"目录下的"儿童 01.jpg"文件，如图 5-1 所示。

步骤② 选择裁剪 ，将鼠标指针移动到画面中，按住鼠标左键并拖曳鼠标，绘制出图 5-2 所示的裁剪框。如裁剪区域大小和位置不适合，可以进行位置及大小的调整。

步骤③ 与调整变形框一样，用裁剪框的控制点来调整裁剪框的大小，如图 5-3 所示。

图 5-1　打开的图片　　　　　图 5-2　拖曳鼠标绘制裁剪区域　　　　　图 5-3　调整裁剪框大小

步骤④ 将鼠标指针放置在裁剪框内，按住鼠标左键并拖曳鼠标，可以调整裁剪框的位置，如图 5-4 所示。

步骤⑤ 将裁剪区域的大小和位置调整合适后，单击属性栏中的 按钮，即可完成图片的裁剪。裁剪后的效果如图 5-5 所示。

图 5-4　调整裁剪框位置　　　　　　图 5-5　裁剪后的图片

步骤⑥ 按 Shift+Ctrl+S 组合键，将此文件另存为"重新构图裁剪照片.jpg"。

5.1.2　用固定比例裁剪照片

对照片进行后期处理时，照片的尺寸要符合冲印机的尺寸要求，可以在裁剪工具 的属性栏中按照固定的比例对照片进行裁剪。下面，将上一节重新构图后的照片裁剪尺寸。

⛓ 固定比例裁剪照片

步骤① 选择裁剪工具 🔲，再单击属性栏中的 前面的图像 按钮，属性栏显示图 5-6 所示的参数。

图 5-6　裁剪工具的属性栏

步骤② 按照 16 厘米×9 厘米尺寸来设置属性栏中的选项及参数，如图 5-7 所示。

图 5-7　裁剪工具的属性栏

步骤③ 将鼠标指针移动到画面中，按住鼠标左键并拖曳鼠标，即可绘制裁剪框，如图 5-8 所示。

步骤④ 单击属性栏中的 ✓ 按钮，确认图片的裁剪操作，裁剪后的画面如图 5-9 所示。

图 5-8　绘制出的裁剪框　　　　　　　　图 5-9　裁剪后的画面

步骤⑤ 按 Shift+Ctrl+S 组合键，将此文件另存为"固定比例裁剪照片.jpg"。

5.1.3　旋转裁剪倾斜的图像

在拍摄或扫描照片时，可能某种失误导致画面中的主体物出现倾斜的现象，此时，可以利用裁剪工具 🔲 来进行旋转裁剪修整。

⛓ 旋转裁剪倾斜的图像

步骤① 打开素材文件中"图库\第 05 章"目录下的"儿童 02.jpg"文件。

步骤② 选择裁剪工具 🔲，将鼠标指针移动到画面的左上角，按住鼠标左键，为整个画面添加裁剪框。

步骤③ 将鼠标指针放置到裁剪框右上角的控制点上，将裁剪框缩小。然后，将鼠标指针移动到裁剪框外，指针显示为旋转符号，拖曳鼠标将裁剪框旋转到与画面中的地平线位置平行的状态，如图 5-10 所示。

步骤④ 单击属性栏中的 ✓ 按钮，确认图片的裁剪操作。矫正倾斜后的画面效果如图 5-11 所示。

图 5-10　旋转后的裁剪框形态　　　　　　图 5-11　矫正倾斜后的画面效果

步骤⑤ 将文件命名为"旋转裁剪倾斜的图像.jpg"并保存。

5.1.4　透视裁剪倾斜的照片

拍照片时，经常会拍摄出严重透视的照片。这时，可通过透视裁剪工具进行透视矫正。

🔑　透视裁切倾斜的照片

步骤 ❶　打开素材文件中"图库\第 05 章"目录下的"建筑物.jpg"文件。

步骤 ❷　选择透视裁剪工具 ⊞ ，根据整个画面绘制裁剪框，调整控制点，使裁剪框与建筑物楼体垂直方向的边缘线平行，如图 5-12 所示。

步骤 ❸　按 Enter 键，确认图片的裁剪操作。裁剪后的画面效果如图 5-13 所示。

图 5-12　透视调整后的裁剪框　　　　图 5-13　裁剪后的图片

步骤 ❹　将文件命名为"图片的透视裁剪.jpg"并保存。

5.2　擦除图像工具组

擦除图像工具组主要用于擦除错误的绘图或将图像的某些部分擦除成背景色或透明，共有橡皮擦工具 ✏、背景橡皮擦工具 ✏ 和魔术橡皮擦工具 ✏ 3 种。

5.2.1　橡皮擦工具

利用橡皮擦工具可擦除图像：当在背景层中擦除时，被擦除的部分将被工具箱中的背景色替换；当在普通层擦除时，被擦除的部分将显示为透明色，效果如图 5-14 所示。

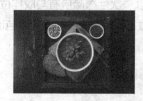

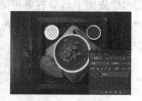

图 5-14　不同图层的擦除效果

橡皮擦工具 ✏ 的属性栏如图 5-15 所示。

图 5-15　橡皮擦工具的属性栏

◎　【模式】：橡皮擦擦除图像的方式包括【画笔】、【铅笔】和【块】3 个选项。

◎　【不透明度】：设置擦除的程度。当值为 100% 时，将完全擦除图像；当值小于 100% 时，将根据不同的值擦出不同深浅的图像，值越小，透明度越大。

◎ 【流量】：设置描边的流动速率。值越大，擦除的效果越明显。

◎ 【抹到历史记录】：勾选此复选项后，就具有了历史记录画笔工具的功能。

5.2.2　背景橡皮擦工具

利用背景橡皮擦工具 擦除图像时，无论是在背景层还是在普通层上，都可以将图像中的特定颜色擦除为透明色，并且，可将背景层自动转换为普通层，效果如图 5-16 所示。

图 5-16　使用背景橡皮擦工具擦除后的效果

背景橡皮擦工具 的属性栏如图 5-17 所示。

图 5-17　背景橡皮擦工具的属性栏

◎ 【取样】按钮 ：用于控制背景橡皮擦的取样方式。

◎ 【限制】选项：用于控制背景橡皮擦擦除颜色的范围。

◎ 【容差】值：用于确定在图像中选择要擦除颜色的精度。

◎ 【保护前景色】选项：勾选此复选项，将无法擦除图像中与前景色相同的颜色。

5.2.3　魔术橡皮擦工具

魔术橡皮擦工具 同魔棒工具一样具有识别取样颜色的特征。当图像中含有大片相同或相近的颜色时，利用魔术橡皮擦工具 在要擦除的颜色区域内单击，可以一次性擦除所有与取样位置相同或相近的颜色，同样，也会将背景层自动转换为普通层。还可以通过【容差】值控制擦除颜色面积的大小，如图 5-18 所示。

图 5-18　使用魔术橡皮擦工具擦除后的效果

魔术橡皮擦工具 的属性栏如图 5-19 所示。

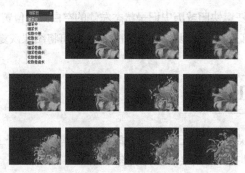

图 5-19　魔术橡皮擦工具的属性栏

◎ 【容差】值：用于确定在图像中要擦除颜色的精度。

◎ 【消除锯齿】复选项：用于在擦除图像范围的边缘去除锯齿边。

◎ 【连续】复选项：用于擦除与鼠标指针落点颜色相近且相连的像素。

◎ 【对所有图层取样】复选项：勾选后，魔术橡皮擦工具 对图像中的所有图层起作用。

◎ 【不透明度】选项：用于设置魔术橡皮擦工具 擦除效果的不透明度。

5.3　历史记录工具组

历史记录工具组包括历史记录画笔工具 和历史记录艺术画笔工具 。

5.3.1　历史记录画笔工具

历史记录画笔工具 可恢复图像历史记录，可以将编辑后的图像恢复到历史恢复点位置。在图像文件被编辑后，选择历史记录画笔工具 ，在属性栏中设置好笔尖大小、形状和【历史记录】面板中的历史恢复点，再将鼠标指针移动到图像文件中，按住鼠标左键并拖曳鼠标，即可将图像恢复至历史恢复点所在位置的状态。

5.3.2　历史记录艺术画笔工具

历史记录艺术画笔工具 可以使用指定历史记录状态或快照中的源数据，以风格化笔触进行绘画。该工具的属性栏如图 5-20 所示。

图 5-20　历史记录艺术画笔工具的属性栏

◎ 【样式】：用于设置历史记录艺术画笔工具 的艺术风格。选择各种艺术风格选项后，所绘制出的图像效果如图 5-21 所示。

◎ 【区域】：用于确定历史记录艺术画笔工具 所产生艺术效果的感应区域。

◎ 【容差】：用于限定原图像色彩的保留程度。

图 5-21　选择不同的样式所产生的不同效果

5.3.3　设置【历史记录】面板

在 Photoshop CS6 中创建或编辑图像时，对图像执行的每一步操作，都会被记录在【历史记录】面板中。在图像处理操作失误或需要取消操作时，可以使用【历史记录】面板快速地恢复到指定的任意编辑步骤。

图 5-22　【历史记录】面板

新建一个图像文件，用画笔工具绘制一个图形，利用选区工具添加选区，为其填充颜色。这些操作步骤都会按照顺序单独排列在【历史记录】面板中，如图 5-22 所示。

默认情况下，【历史记录】面板中只记录 20 个操作步骤。当操作步骤超过 20 个之后，在此之前的记录被自动删除，以便为 Photoshop CS6 释放出更多的内存空间。要想在【历史记录】面板中记录更多的操作步骤，可执行【编辑】/【首选项】/【性能】命令，在弹出的【首选项】对话框中设置【历史记录状态】的值即可，其取值范围为 1～100。

使用【历史记录】面板可以将图像恢复到任意一个操作步骤的状态，还可以根据一个状态或快照创建新文档。

5.3.4　创建图像快照

默认情况下，【历史记录】面板顶部会显示文档初始状态的快照。在工作过程中，如要保留某一个特定的状态，可将该状态创建一个快照，选择要创建快照的历史状态，然后，单击面板底部的 ▣ 按钮即可。

1. 将图像恢复到以前的状态

① 在【历史记录】面板中选择任一历史记录状态或快照。

② 用鼠标将历史记录状态滑块或快照滑块向上或向下拖曳。

2. 根据图像的所选状态或快照创建新文档

选择任意历史状态或快照，单击面板底部的 ▣ 按钮，或者用鼠标将选择的历史状态或快照拖曳到 ▣ 按钮上。

3. 删除图像的历史状态或快照

选择历史状态或快照，单击面板底部的 🗑 按钮，或者用鼠标将选择的历史状态或快照拖曳至 🗑 按钮上。

4. 设置历史恢复点

在【历史记录】面板中任意快照或历史记录状态左侧的空白图标位置单击，即可将此步操作设置为历史恢复点。当使用历史记录画笔工具 ✍ 恢复图像时，即可将图像恢复至这一步的操作状态。

5.4　修复图像工具组

图像修复工具组包括污点修复画笔工具 ✐、修复画笔工具 ✐、修补工具 ✦、红眼工具 ✦ 和内容感知和移动工具 ✂。这 5 种工具可用来修复有缺陷的图像。

5.4.1 污点修复画笔工具

污点修复画笔工具 ✐ 可以快速去除照片中的污点，尤其是对人物面部的疤痕、雀斑等小面积的缺陷修复最为有效，修复原理是：在所修饰图像的周围位置自动取样，然后，将其与所修复位置的图像融合，得到理想的颜色匹配效果。该工具的使用方法非常简单：选择污点修复画笔工具 ✐，在属性栏中设置合适的画笔大小等选项后，在图像的污点位置单击即可去除污点。图 5-23 所示为图像去除文字前后的对比效果。

图 5-23　图像去除文字前后的对比效果

污点修复画笔工具 ✐ 的属性栏如图 5-24 所示。

图 5-24　污点修复画笔工具的属性栏

5.4.2 修复画笔工具

修复画笔工具 ✐ 与污点修复画笔工具 ✐ 的修复原理相似，都是将将没有缺陷的图像部分与被修复位置的有缺陷的图像进行融合，得到理想的匹配效果。使用修复画笔工具 ✐ 时，需要先设置取样点，即按住 Alt 键，将鼠标指针放在取样点位置并单击鼠标左键（单击处的位置为复制图像的取样点），释放 Alt 键。然后，将鼠标指针放在需要修复的图像位置，按住鼠标左键并拖曳鼠标，即可对图像中的缺陷进行修复，使修复后的图像与取样点位置图像的纹理、光照、阴影和透明度相匹配，从而使修复后的图像不留痕迹地融入图像中。

此工具对较大面积的图像缺陷修复也非常有效。例如，利用修复画笔工具 ✐ 去除图像上面的左下角的标示，前后对比效果如图 5-25 所示。

图 5-25　原图与去除日期后的效果

修复画笔工具 ✐ 的属性栏如图 5-26 所示。

图 5-26　修复画笔工具的属性栏

在设置画笔大小时，要根据当前修复对污点大小来设置。为了去除对比较柔和，可以设置一定程度的柔化边缘。

5.4.3　修补工具

修补工具 🖊 可以用图像中相似的区域或图案来修复有缺陷的部位或制作合成效果。与修复画笔工具 ✏ 一样，修补工具 🖊 会将设定的样本纹理、光照、阴影与被修复图像区域进行混合，从而得到理想的效果。利用此工具去除照片中人物的前后效果对比如图 5-27 所示。

图 5-27　原图与去除多余人物后的效果

修补工具 🖊 的属性栏如图 5-28 所示。

图 5-28　修补工具的属性栏

5.4.4　红眼工具

在夜晚或光线较暗的房间里拍摄人物照片时，由于视网膜的反光作用，往往会出现红眼效果。利用红眼工具 👁 可以迅速地修复这种红眼效果。该工具的使用方法非常简单：选择红眼工具 👁 ，在属性栏中设置合适的【瞳孔大小】和【变暗量】参数后，在人物的红眼位置单击即可校正红眼。图 5-29 所示为去除红眼前后的效果对比。

图 5-29 彩图

图 5-29　去除红眼前后的效果对比

红眼工具 👁 的属性栏如图 5-30 所示。

图 5-30　红眼工具的属性栏

◎ 【瞳孔大小】：用于设置增大或减小受红眼工具 👁 影响的区域。
◎ 【变暗量】：用于设置校正的暗度。

5.4.5　内容感知移动工具

内容感知移动工具 ✂ 是 Photoshop CS6 新增加的功能，使用内容感知移动工具 ✂ 选中对象并移动或扩展到图像的其他区域，然后内容感知移动功能会重组和混合对象，产生出色的视觉效果。扩展模式可对头发、树或建筑等对象进行扩展或收缩。移动模式可将对象置于完全不同的位置中，当对象与背景相似时效果最佳。图 5-31 所示为用内容感知移动工具 ✂ 制作的猫咪。

图 5-31　用内容感知移动工具制作的猫咪

如图 5-32 所示为内容感知移动工具 ✂ 选项栏，如图 5-32 所示。

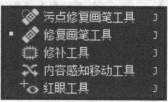

图 5-32　内容感知移动工具选项栏

5.5　图章工具组

图章工具组包括仿制图章工具 🖈 和图案图章工具 🖈。它们主要是通过在图像中选择印制点或设置图案，对图像进行复制。仿制图章工具 🖈 和图案图章工具 🖈 的快捷键为 S 键，反复按 Shift+S 组合键可以在这两种图章工具间切换。

5.5.1　仿制图章工具

仿制图章工具 🖈 的功能是复制和修复图像。它可通过在图像中按照设定的取样点来覆盖原图像或应用到其他图像中来完成图像的复制操作。仿制图章工具 🖈 的使用方法为：选择仿制图章工具 🖈 后，先按住 Alt 键，在图像中的取样点位置单击（单击处的位置为复制图像的取样点），然后释放 Alt 键，将鼠标指针移动到需要修复的图像位置并拖曳鼠标，即可对图像进行修复。如要在两个文件之间复制图像，两个图像文件的颜色模式必须相同，否则，不能执行复制操作。修复的图像及合成的图像效果分别如图 5-33 所示。

图 5-33　修复的图像及合成的图像效果

仿制图章工具 🖈 的属性栏如图 5-34 所示。

图 5-34　仿制图章工具的属性栏

◎ 【流量】：用于确定画笔的压力大小。

◎ 喷枪工具 ：可以使画笔模拟喷绘的效果。

5.5.2　图案图章工具

图案图章工具 的功能是快速地复制图案，所使用的图案素材可以从属性栏中的【图案】选项面板中选择。用户也可以将自己喜欢的图像定义为图案后再使用。图案图章工具 的使用方法为：选择

图 5-35　绘制的图案

图案图章工具 后，根据需要在属性栏中设置【画笔】、【模式】、【不透明度】、【流量】、【图案】、【对齐】和【印象派效果】等选项与参数，然后在图像中拖曳鼠标指针即可。图案图章工具可以用来创建特殊效果、背景网纹、织物或壁纸等设计。图 5-35 所示为使用图案图章工具 绘制的图案效果。

图案图章工具 的属性栏如图 5-36 所示。图案图章工具 选项与仿制图章工具 选项相似，在此只介绍它们不同的内容。

图 5-36　图案图章工具的属性栏

在使用图案图章工具 绘制图案时，要注意选择选项中的【对齐】复选框。这样在释放鼠标再次绘制时，可以自动沿原来的图案效果对齐绘制，不会产生错乱效果。

5.6　修饰工具组

修饰工具组包括模糊工具 、锐化工具 、涂抹工具 、减淡工具 、加深工具 和海绵工具 。选择相应的工具后，拖曳鼠标，即可对图像进行模糊、锐化、涂抹、减淡、加深以及增加或减少饱和度操作。

5.6.1　模糊工具、锐化工具和涂抹工具

模糊工具 可以通过降低图像色彩反差来对图像进行模糊处理，从而使图像边缘变得模糊，也可以用于柔化图像的高亮区或阴影区；锐化工具 恰好相反，它是通过增大图像色彩反差来锐化图像，从而使图像色彩对比更强烈；涂抹工具 主要用于涂抹图像，使图像产生类似于在未干的画面上用手指涂抹的效果。原图像和经过模糊、锐化、涂抹后的效果如图 5-37 所示。

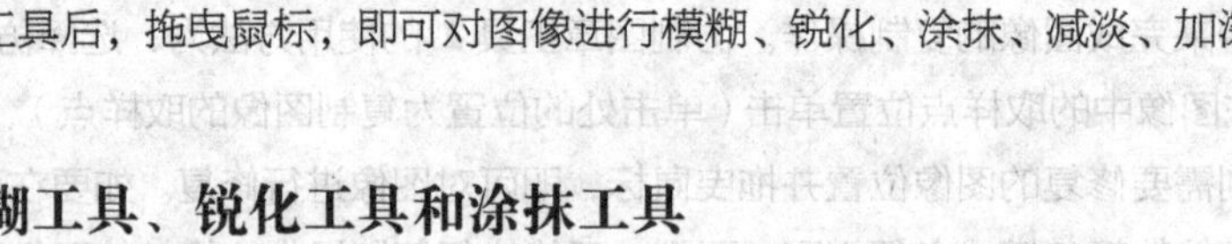

图 5-37　原图像和经过模糊、锐化、涂抹后的效果

这 3 个工具的属性栏基本相同，只是涂抹工具 的属性栏多了一个【手指绘画】选项，如图 5-38 所示。

图 5-38　涂抹工具的属性栏

◎ 【模式】：用于设置色彩的混合方式。

◎ 【强度】：用于调节对图像进行涂抹的程度。

◎ 【对所有图层取样】：不勾选此项，对图像进行涂抹时，只对当前图层起作用；勾选此项，则对所有图层起作用。

◎ 【手指绘画】：不勾选此项，对图像进行涂抹时，则只使图像中的像素和色彩进行移动；勾选此项，则相当于用手指蘸着前景色在图像中进行涂抹。

5.6.2　减淡工具和加深工具

减淡工具 可以用于图像的阴影、中间色和高光部分的提亮和加光处理，从而使图像变亮；加深工具 则可以对图像的阴影、中间色和高光部分进行遮光、变暗处理。这两个技术都增加了照片的细节部分，且两个工具的属性栏完全相同，如图 5-39 所示。

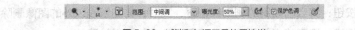

图 5-39　减淡和加深工具的属性栏

5.6.3　海绵工具

海绵工具 可以对图像进行变灰或提纯处理，从而改变图像的饱和度。当增加颜色的饱和度时，其灰度就会减少，但对黑白图像处理的效果不明显。当 RGB 颜色模式的图像显示 CMYK 超出范围的颜色时，就需要用到海绵工具 的去色功能。使用海绵工具 在这些超出范围的颜色上拖动，可以逐渐减小其浓度，从而使其变为 CMYK 光谱中可打印的颜色。该工具的属性栏如图 5-40 所示。

图 5-40　海绵工具的属性栏

原图与增加饱和度后的效果对比如图 5-41 所示。

图 5-41 彩图

图 5-41　原图与增加饱和度后的效果对比

5.7　吸管工具组

吸管工具组中除 2.5.1 小节讲解的吸管工具 和颜色取样器工具 外，还包括标尺工具 、注释工具 和计数工具 。下面分别介绍它们的使用方法。

5.7.1 标尺工具的使用方法

标尺工具 ▬ 是测量图像中两点之间的距离、角度，以及校正倾斜的图像等数据信息的工具。

图 5-42 创建的测量线

1. 测量长度

在图像中的任意位置拖曳鼠标指针，即可创建出测量线，如图 5-42 所示。将指针移动至测量线、测量起点或测量终点上，当指针显示为 ⮐ 时，拖曳鼠标可以移动它们的位置。

此时，属性栏中会显示测量的结果，如图 5-43 所示。

| ▬ ▾ | X: 2.43 | Y: 1.38 | W: 6.54 | H: 0.00 | A: 0.0° | L1: 6.54 | L2: | 拉直图层 | 清除 |

图 5-43 用标尺工具测量长度时的属性栏状态

◎ 【X】值、【Y】值：测量起点的坐标值。
◎ 【W】值、【H】值：测量起点与终点的水平、垂直距离。
◎ 【A】值：测量线与水平方向的角度。
◎ 【L1】值：当前测量线的长度。
◎ 　拉直　 按钮：将当前倾斜的测量线拉直，同时，将测量线以外的图像删除。
◎ 　清除　 按钮：用于将当前测量的数值和图像中的测量线清除。

提示

> 按住 Shift 键并在图像中拖曳鼠标，可以建立角度为 45° 倍数的测量线，也就是可以在图像中建立水平测量线、垂直测量线，以及与水平或垂直方向成 45° 角的测量线。

2. 测量角度

在图像中的任意位置拖曳鼠标指针，创建一条测量线，然后，按住 Alt 键，将指针移动至刚才创建测量线的端点处。当鼠标指针显示为带加号的角度符号时，拖曳鼠标，创建第二条测量线，如图 5-44 所示。

此时，属性栏中会显示测量角的结果，如图 5-45 所示。

| ▬ ▾ | X: 11.14 | Y: 10.43 | W: | H: | A: 103.8° | L1: 6.51 | L2: 9.32 | 拉直图层 | 清除 |

图 5-44 创建的测量角　　　　图 5-45 用标尺工具测量角度时的属性栏状态

◎ 【X】值、【Y】值：两条测量线的交点，即测量角的顶点坐标。
◎ 【A】值：测量角的角度。
◎ 【L1】值：第一条测量线的长度。
◎ 【L2】值：第二条测量线的长度。

按住 Shift 键并拖曳鼠标，即可在图像中创建水平、垂直或成 45° 倍数的测量线。按住 Shift+Alt 组合键，可以测量 45° 倍数的角度。

5.7.2 注释工具的使用方法

选择注释工具，然后，将鼠标指针移动到图像文件中，鼠标指针将显示为 形状，单击或拖曳鼠标，以创建一个矩形的注释框，如图 5-46 所示。在属性栏中设置注释的【作者】、注释文字的【大小】及注释框的【颜色】后，即可在注释框中输入要说明的文字，如图 5-47 所示。

图 5-46　创建的注释框　　　　图 5-47　添加的注释文字内容

① 将鼠标指针放置在注释框的右下角位置，当鼠标指针显示为双向箭头时，拖曳鼠标即可自由设定注释框的大小。

② 将鼠标指针放置在注释图标或注释框的标题栏上，当鼠标指针变为箭头图标时，拖曳鼠标即可移动注释框的位置。

③ 单击注释框右上角的小正方形，可以关闭展开的注释框。双击要打开的注释图标或用鼠标右键单击要打开的注释图标，在弹出的快捷菜单中选择【打开注释】命令，可以将关闭的注释框展开。

确认注释图标处于被选择状态，按 Delete 键可将选择的注释删除。

如果想同时删除图像文件中的多个注释，只要在任一注释图标上单击鼠标右键，在弹出的右键快捷菜单中选择【删除所有注释】命令即可。

5.7.3 计数工具的使用方法

计数工具是按照顺序给文件标记数字符号的工具，使用方法非常简单，在需要标记的位置单击即可。

计数工具的属性栏如图 5-48 所示。

　₁2³ · 计数：0　　计数组　　　　　清除　　标记大小：2　　标签大小：12　　　　　　基本功能

图 5-48　计数工具的属性栏

5.8　综合案例——修复图像

　　本案例将通过去除照片中的人物并移植企鹅形象的操作，帮助读者熟悉所学工具的使用方法。

步骤❶ 打开素材文件中"图库\第 05 章"目录下的"企鹅与大海.jpg"文件，如图 5-49 所示。

　　我们现在把画面中的人物形象换成企鹅，重新设计成一幅企鹅远眺大海的照片。下面我们按照步骤利用修补工具 ● 将人物形象从画面中去除。

微课 7
修复图像

步骤❷ 选择修补工具 ●，将鼠标指针移动到人物的上半身并拖曳鼠标，绘制出图 5-50 所示的选区。

图 5-49　打开的图片

图 5-50　绘制的选区

步骤❸ 确认属性栏中点选的是【源】选项，将鼠标指针移动到选区内，按住鼠标左键并向左拖曳鼠标，寻求能覆盖此处的图像，状态如图 5-51 所示。

步骤❹ 释放鼠标左键后，修复的图像效果如图 5-52 所示。

图 5-51　拖曳鼠标时的状态

图 5-52　修复后的效果

步骤❺ 继续利用修补工具 ●，在人物的下半身绘制选区，并将鼠标指针放置到选区中，按住鼠标左键并拖曳鼠标，释放鼠标左键后，修复的图像效果如图 5-53 所示。

步骤❻ 注意，此处一定要分开绘制选区并进行修复。如果一次性将人物选取进行修复，在整个画面中将找不到用于覆盖此处的图像，也就达不到修复的目的。另外，修补工具 ● 并不能一次性修复成功，图像的边缘依然会有半透明和局部未修复完整的情况，与整个画面的色调不协调。因此，后期就需要借助仿制图章工具 ▲ 对图像进行再次修复。最终才能完成完美的画面效果状态，如图 5-54 所示。

图 5-53　修复后的效果

图 5-54　最终效果

步骤⑦ 打开素材文件中"图库\第 05 章"目录下的"企鹅.jpg"文件，如图 5-55 所示。

步骤⑧ 选择仿制图章工具 ，按住 Alt 键，同时，将鼠标指针移动到图 5-56 所示的位置并单击鼠标，拾取取样点。

图 5-55　打开的图片

图 5-56　拾取的取样点

步骤⑨ 将鼠标指针移动到画面中原人物所在位置后，按住鼠标左键并拖曳鼠标，以复制企鹅形象，状态如图 5-57 所示。

步骤⑩ 根据画面局部不完整的部分，反复选择仿制图章工具 笔触大小，耐心地修整周围瑕疵，直至移植过来的企鹅与画面融合到一起为最佳，如图 5-58 所示。

图 5-57　复制图像时状态

图 5-58　制作完毕的效果

步骤⑪ 按 Shift+Ctrl+S 组合键，将此文件另存为"企鹅与大海.jpg"。

小结

　　本章主要讲解了各种图像修复工具、擦除图像工具和图像修饰工具的使用方法。本章所学的修复工具可对各类图片或图形做出完美的视觉效果。通过本章的学习，读者应能够熟练掌握这些工具的应用方法，以便在实际工作过程中灵活运用。

习题

　　打开素材文件中"图库\第 05 章"目录下的"跑车.jpg"文件，如图 5-59 所示。灵活运用本章学习的修复工具去除画面左边的路灯，效果如图 5-60 所示。

　　　　　　图 5-59　打开的图片

　　　　　　图 5-60　修复后的图片

06

第6章
路径与3D工具的应用

　　路径工具除了可以用于绘制图形，还可以用于精确地选择背景中的图像。创建和编辑路径的工具包括钢笔工具、自由钢笔工具、添加锚点工具、删除锚点工具、转换点工具、路径选择工具、直接选择工具，以及各种矢量形状工具。此外，本章还将学习3D工具的操作方法，包括更改模型的位置、相机视图、光照方式及渲染模式等。

6.1 绘制路径

路径是 Photoshop 中通过矢量绘图的方法绘制的线条，可用于图像区域的选择。一条直线在矢量图中是由直线一端的顶点、中间的线段、另一端的顶点组成的。只需调整路径直线两边的顶点，就可将直线修改成其他长度的直线或曲线。

6.1.1 路径的构成

路径是根据"贝塞尔曲线"理论进行设计的。曲线上的每个点（锚点）都有两条控制柄。控制柄的方向和长度决定了与它所连接的曲线的形状。移动锚点的位置可以修改曲线的形状。图 6-1 所示为路径构成说明图，角点和平滑点都属于路径的锚点，其中，角点可调整为平滑点，平滑点也可调整为角点。选中的锚点显示为实心方形，而未选中的锚点显示为空心方形。

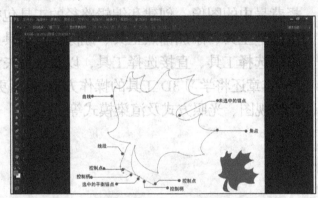

图 6-1 路径构成说明图

6.1.2 使用路径工具

下面讲解工具箱中各路径工具的使用方法。

图 6-2 绘制的直线路径和曲线路径

1. 钢笔工具的使用方法

选择钢笔工具 ，在图像文件中创建直线形态的路径；拖曳鼠标，可以创建平滑流畅的曲线路径。将鼠标指针移动到第一个锚点上，当笔尖旁出现小圆圈时单击即可创建闭合路径。在未闭合路径之前，按住 Ctrl 键并在路径外单击，可创建开放路径。绘制的直线路径和曲线路径如图 6-2 所示。

在绘制直线路径时，按住 Shift 键，可以限制在 45°的倍数方向绘制。在绘制曲线路径时，按住 Alt 键并拖曳鼠标，可以调整控制点的方向，释放 Alt 键和鼠标左键后，重新移动鼠标指针至合适的位置并拖曳鼠标，可创建具有锐角的曲线路径，如图 6-3 所示。

图 6-3　绘制具有锐角的曲线路径

2. 自由钢笔工具的使用方法

选择自由钢笔工具 ，按住鼠标左键并拖曳鼠标，可沿着鼠标指针的移动轨迹自动添加锚点并生成路径。当鼠标指针回到起始位置时，其右下角会出现一个小圆圈。此时，释放鼠标左键即可创建闭合的钢笔路径。

3. 添加锚点工具的使用方法

选择添加锚点工具 ，将鼠标指针移动到要添加锚点的路径上，当鼠标指针显示为添加锚点符号时，单击鼠标左键即可在路径的单击处添加锚点。如果在单击的同时拖曳鼠标，可在路径的单击处添加锚点并更改路径的形状。添加锚点的操作示意图如图 6-4 所示。

图 6-4　添加锚点的操作示意图

4. 删除锚点工具的使用方法

选择删除锚点工具 ，将鼠标指针移动到要删除的锚点上。当鼠标指针显示为删除锚点符号时，单击鼠标左键即可将路径上单击处的锚点删除。此时，路径的形状将重新调整以适合其余的锚点。在路径的锚点，按住鼠标左键并拖曳鼠标，可重新调整路径的形状。删除锚点的操作示意图如图 6-5 所示。

图 6-5　删除锚点的操作示意图

5. 转换点工具的使用方法

转换点工具 ⌐ 可以使锚点在角点和平滑点之间进行转换，并可以调整调节柄的长度和方向，以确定路径的形状。

① 将平滑点转换为角点。

选择转换点工具 ⌐ 并在平滑点上单击，可以将平滑点转换为没有调节柄的角点；当平滑点两侧显示调节柄时，拖曳鼠标即可调整调节柄的方向，若将调节柄断开，可以将平滑点转换为带有调节柄的角点，如图 6-6 所示。

图 6-6　将平滑点转换为角点的操作示意图

② 将角点转换为平滑点。

用鼠标向外拖曳路径上的角点，锚点两侧将出现两条调节柄，可将角点转换为平滑点。按住 Alt 键的同时用鼠标拖曳角点，可以调整角点一侧的路径形状，如图 6-7 所示。

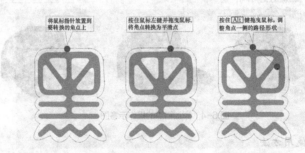

图 6-7　角点转换为平滑点的操作示意图

③ 调整调节柄编辑路径。

可利用转换点工具 ⌐ 调整带调节柄的角点或平滑点一侧的控制点，还可以调整锚点一侧的曲线路径的形状；按住 Ctrl 键并调整平滑点一侧的控制点，可以同时调整平滑点两侧的路径形态。按住 Ctrl 键并用鼠标拖曳锚点，可以移动该锚点的位置，如图 6-8 所示。

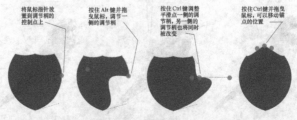

图 6-8　调整调节柄编辑路径的操作示意图

6. 路径选择工具的使用方法

路径选择工具 ▶ 主要用于编辑整个路径，包括选择、移动、复制、变换、组合、对齐和分布等操作。

① 选择路径。

选择路径选择工具 ▶，单击路径，路径上的锚点将全部显示为黑色，表示该路径被选择。

② 移动路径。

用路径选择工具 ▶ 选择路径，然后，按住鼠标左键并拖曳鼠标，路径将随鼠标指针而移动，释放鼠标左键后即可将其移动到新位置。

③ 复制路径。

与复制图像相同，可以在同一个图像文件中复制路径，也可以将路径移动复制到其他图像文件中。

7. 直接选择工具的使用方法

直接选择工具 ▷ 主要用于选择路径上的锚点、移动锚点位置和调整路径形状。

① 选择锚点。

选择直接选择工具 ▷ 并在路径中的锚点上单击，即可将其选择。锚点被选择后将显示为黑色。按住 Shift 键，依次单击其他锚点，可以同时选择多个锚点。

② 移动锚点位置和调整路径形状。

用直接选择工具 ▷ 选择锚点，按住鼠标左键并拖曳鼠标，即可将锚点移动到新位置，如图 6-9 所示。选择直接选择工具 ▷ 后，拖曳两个锚点之间的路径，可改变路径的形态，如图 6-10 所示。

图 6-9　移动锚点位置　　　　图 6-10　调整路径形态

6.1.3　设置路径属性

下面来讲解路径工具、自由钢笔工具和路径选择工具属性栏的设置。

1. 路径工具属性栏

路径工具的属性栏如图 6-11 所示。

```
✎ ▾  │ 路径 ⬍ │ 建立： 选区… 蒙版 形状 │ ⬚ ▤ ⬚ │ ⚙ ✔自动添加/删除 │ 对齐边缘
```

图 6-11　路径工具的属性栏

路径工具的属性栏主要由绘制类型、路径和矢量形状工具组、【自动添加/删除】复选项，以及各种运算方式组成。在该属性栏中选择不同的绘制类型时，其属性栏状态也各不相同。

① 绘制类型。

◎【形状图层】按钮 ▢：激活此按钮，可以创建用前景色填充的图形，同时在【图层】面板中自动生成包括图层缩览图和矢量蒙版缩览图的形状层，并在【路径】面板中生成矢量蒙版，如图 6-12 所示。

图 6-12 绘制的形状图形

◎ 【路径】按钮 ▨：激活此按钮，可以创建普通的工作路径。此时，【图层】面板中不会生成新图层，仅在【路径】面板中生成工作路径，如图 6-13 所示。

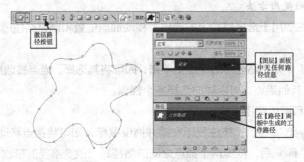

图 6-13 绘制的路径

◎ 【填充像素】按钮 ▢：使用钢笔工具时此按钮不可用，只有使用矢量形状工具组时此按钮才可用。激活此按钮可以绘制用前景色填充的图形，但不会在【图层】面板中生成新图层，也不会在【路径】面板中生成工作路径，如图 6-14 所示。

图 6-14 绘制的填充像素图形

② 路径和矢量形状工具组。

是路径工具和矢量形状工具组的集合。单击相应的按钮，即可快捷地完成各工具之间的相互转换，不必到工具箱中去选择。单击右侧的 ▾ 按钮，会弹出相应工具的选项面板。激活不同的路径工具按钮，弹出的面板也各不相同。

③ 【自动添加/删除】复选项。

在使用钢笔工具绘制图形或路径时，若勾选此复选项，钢笔工具将具有添加锚点工具和删除锚点工具的功能。

④ 运算方式。

属性栏中的■按钮、■按钮、■按钮、■按钮和■按钮，主要用于对同一形状图形进行相加、相减、相交或反交运算，其具体操作方法和选区运算相同，请参见 3.1.1 小节绘制矩形和椭圆形选区的内容。

2. 自由钢笔工具的属性栏

选择自由钢笔工具 ，单击属性栏中的▼按钮，弹出【自由钢笔选项】面板，如图 6-15 所示。可以在该面板中定义路径对齐图像边缘的范围和灵敏度，以及所绘路径的复杂程度。

图 6-15 【自由钢笔选项】面板

◎【曲线拟合】：用于控制生成的路径与鼠标指针的移动轨迹的相似程度。

◎【磁性的】：勾选此项，自由钢笔工具将具有磁性功能，可以像磁性套索工具一样自动查找不同颜色的边缘。

◎【宽度】：确定磁性钢笔探测的距离，值越大，磁性钢笔探测的距离就越大。

◎【对比】：确定边缘像素之间的对比度，值越大，对比度要求越高。

◎【频率】：确定绘制路径时设置锚点的密度，数值越大，路径上的锚点就越多。

◎【钢笔压力】：选中该选框，会增加钢笔的压力使用绘制的路径宽度变细。

3. 路径选择工具的属性栏

路径选择工具 ▶ 的属性栏如图 6-16 所示。

图 6-16　路径选择工具的属性栏

◎ 变换路径：勾选【显示定界框】复选项，可以利用定界框对路径进行缩放、旋转、斜切和扭曲等变换操作。

◎ 组合路径：属性栏中的■按钮、■按钮、■按钮和■按钮用于对选择的多个路径进行相加、相减、相交或反交运算。

◎ 对齐路径：当选择两条或两条以上的工作路径时，利用对齐工具可以设置选择的路径在水平方向上进行顶对齐■、垂直居中对齐■、底对齐■，或在垂直方向上按左对齐■、水平居中对齐■、右对齐■。

◎ 分布路径：当选择 3 条或 3 条以上的工作路径时，可以利用分布工具将选择的路径在垂直方向上进行按顶分布■、居中分布■、按底分布■，或者在水平方向上按左分布■、居中分布■、按右分布■。

6.1.4 【路径】面板

【路径】面板主要用于显示绘图过程中存储的路径、工作路径和当前矢量蒙版的名称及缩略图。本节介绍【路径】面板的一些相关功能，【路径】面板如图 6-17 所示。

图 6-17 【路径】面板

1. 存储工作路径

默认情况下，利用钢笔工具或矢量形状工具组绘制的路径是以"工作路径"形式存在的，存储工作路径有以下两种方法。

① 在【路径】面板中，用鼠标将"工作路径"拖曳到面板底部的 ▣ 按钮上，释放鼠标左键后，即可以"路径 1"或"路径 2"等名称自动为其命名，命名后的路径就已经被保存了。

② 选择要存储的工作路径，然后，单击【路径】面板右上角的 ▼▤ 按钮，在弹出的菜单中选择【存储路径】命令，在弹出的【存储路径】对话框中将工作路径按指定的名称存储。

2．将路径转换为选区

将路径转换为选区的方法主要有以下几种。

① 在【路径】面板中选择要转换为选区的路径，然后，单击面板底部的【将路径作为选区载入】按钮 ○ 。

② 选择要转换为选区的路径，然后，按 Ctrl+Enter 组合键。

③ 按住 Ctrl 键，单击要转换的路径的名称或缩略图。

④ 选择要转换的路径，单击【路径】面板右上角的 ▼▤ 按钮，在弹出的菜单中选择【建立选区】命令。

3．将选区转换为路径

将选区转换为路径的方法主要有以下两种。

① 绘制选区，单击面板底部的【从选区生成工作路径】按钮 ◇ ，即可将选区转换为临时工作路径。

② 单击【路径】面板右上角的 ▼▤ 按钮，在弹出的菜单中选择【建立工作路径】命令，可以对要建立的路径设置它的容差值。该值越小，则产生的锚点就越多，线条也就越平滑。

4．路径的显示和隐藏

显示和隐藏路径的方法分别如下。

① 单击【路径】面板中相应的路径名称，可将该路径显示。

② 单击【路径】面板中的灰色区域，可将路径隐藏。

5．复制路径

复制路径主要有以下两种方法。

① 将【路径】面板中的路径向下拖曳至 ▣ 按钮处，释放鼠标左键即可。

② 如果要在复制的同时为路径重命名，就可按住 Alt 键并用鼠标将路径拖曳到面板底部的 ▣ 按钮上，或者选择要复制的路径，在【路径】面板中选择【复制路径】命令，在弹出的【复制路径】对话框中为路径输入新名称，单击 确定 按钮即可复制路径。

6．填充路径

① 在【图层】面板中设置图层，然后，设置前景色，再在【路径】面板中选择要填充的路径，单击面板底部的 ● 按钮即可。

② 按住 Alt 键并单击 ● 按钮或在【路径】面板中选择【填充路径】命令，在弹出的【填充路径】对话框中设置填充内容、混合模式及不透明度等选项，单击 确定 按钮。

7．描边路径

① 在【图层】面板中设置图层，选择用于描边路径的绘画工具并设置工具选项，选择合适的笔尖、设置混合模式和不透明度等，在【路径】面板中选择要描绘的路径，单击面板底部的 ○ 按钮即可。

② 按住 Alt 键并单击 ○ 按钮或在【路径】面板菜单中选择【描边路径】命令，在弹出的【描

边路径】对话框中选择要用于描边路径的绘画工具后单击 确定 按钮即可。

8．删除路径

① 将要删除的路径拖曳至下方的 按钮上，释放鼠标左键，或者按住 Alt 键并单击 按钮，即可将当前路径删除。

② 单击 按钮或在【路径】面板中选择【删除路径】命令，在弹出的【删除路径】对话框中单击 是(Y) 按钮也可将当前路径删除。

6.1.5 绘制形状图形

该工具组中包括矩形工具、圆角矩形工具、椭圆工具、多边形工具、直线和自定义形状工具6种。本节将讲解有关图形绘制工具的使用方法。

1．矩形工具

选择矩形工具■，单击属性栏中的▼按钮，弹出图6-18所示的【矩形选项】面板。

2．圆角矩形工具

圆角矩形工具■的用法和属性栏都与矩形工具■相似，只是属性栏中多了一个【半径】选项。此选项主要用于设置圆角矩形的平滑度，数值越大，边角越平滑。

3．椭圆工具

椭圆工具●的用法及属性栏与矩形工具■相同，在此不再赘述。

4．多边形工具

多边形工具的属性栏也与矩形工具■相似，只是多了一个用于设置多边形或星形边数的【边】选项。单击属性栏中的▼按钮，将弹出图6-19所示的【多边形选项】面板。

图6-18 【矩形选项】面板　　图6-19 【多边形选项】面板

5．直线工具

直线工具╱的属性栏也与矩形工具■相似，只是多了一个设置线段或箭头粗细的【粗细】选项。单击属性栏中的▼按钮，将弹出图6-20所示的【箭头】面板。

可在【凹度】后面的数值框中设置相应的参数，以确定箭头中央凹陷的程度，其值为正时，箭头尾部向内凹陷；其值为负时，箭头尾部向外凸出；其值为"0"时，箭头尾部平齐，如图6-21所示。

图6-20 【箭头】面板　　　图6-21 当数值分别为"50""-50"和"0"时，绘制的箭头图形

6. 自定形状工具

自定形状工具的属性栏多了一个【形状】选项，单击此选项右侧的·按钮，会弹出图6-22所示的【自定形状选项】面板。

单击【自定形状选项】面板右上角的 ⊙ 按钮，即可显示系统中存储的全部图形，如图6-23所示。

图6-22 【自定形状选项】面板   图6-23 全部图形

6.1.6 定义形状图形

在应用矢量形状工具的过程中，除了可以使用系统自带的形状图形外，还可以通过采集图像中的形状图形来自定义形状。

⚙ 定义形状图形

**步骤① 打开素材文件中"图库\第06章"目录下的"卡通.jpg"文件。

**步骤② 执行【选择】/【色彩范围】命令，在弹出的【色彩范围】对话框中单击 🖉 按钮并在黑色的卡通图形上单击，然后，设置参数，如图6-24所示。单击 ▭确定▭ 按钮，添加的选区如图6-25所示。

图6-24 【色彩范围】对话框   图6-25 添加的选区

**步骤③ 单击【路径】面板右上角的 ▤按钮，选择【建立工作路径】命令，弹出【建立工作路径】对话框，参数设置如图6-26所示。单击 ▭确定▭ 按钮，将选区转换为路径。

**步骤④ 执行【编辑】/【定义自定形状】命令，弹出图6-27所示的【形状名称】对话框。

 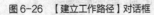 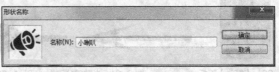

图6-26 【建立工作路径】对话框   图6-27 【形状名称】对话框

步骤⑤ 单击 [　确定　] 按钮，即可将当前路径图形定义为形状。

步骤⑥ 建立一个新文件，选择 ▨ 工具，激活属性栏中的 ▢ 按钮，再单击 ▦ 按钮，在【自定形状】样式面板中选择图 6-28 所示的刚刚定义的图形样式。

步骤⑦ 设置不同的前景色，在新建文件中绘制出不同大小及颜色的图形，效果如图 6-29 所示。

图 6-28　【自定形状】样式面板　　图 6-29　绘制的图形

步骤⑧ 按 Ctrl+S 组合键，将此文件命名为"定义形状练习.jpg"并保存。

6.2　3D 工具

3D 是从 Photoshop CS4 时新增加的功能，在 Photoshop CS6 中加以升华。3D 功能可以很方便地制作一般 3D 立体效果图。制作 3D 立体效果图必须有计算机硬件支持和科学设置软件。3D 功能要在 Windows 7 及以后的操作系统中才能正常显示和使用。

软件设置：执行【编辑】/【首选项】/【性能】菜单命令，在【使用图形处理器】选项前面打勾，如图 6-30 所示。

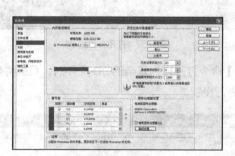

图 6-30　首选项性能设置

单击【高级设置】，在【使用 OpenCL】前面也打上勾。如果【使用 OpenCL】是灰色的，表示系统不支持 3D 功能，如图 6-31 所示。

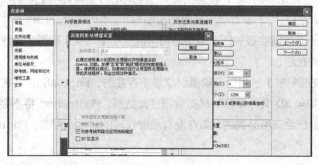

图 6-31　设置 OpenCL

提示　Photoshop CS6 中，3D 功能要求的配置：独立显卡，而且该显卡要有 3D 加速功能。Photoshop CS6 的完整版软件才有 3D 功能，如果在安装破解时没有试运行，再破解也没有3D 功能。如果满足这项要求，还要启用 3D，方法是：执行【编辑】/【首选项】/【性能】命令，将【高级设置】里的【使用 OpenGL】勾选，确定后退出。

6.2.1　打开 3D 文件

首先，执行【文件】/【打开】命令，将附盘中"图库\第 06 章"目录下名为"椅子.3DS"的 3D 文件打开，如图 6-32 所示。

图 6-32　打开的 3D 文件

在利用【文件】/【打开】命令打开较为复杂的 3D 文件时，系统将弹出类似图 6-33 所示的提示面板，提示用户对系统选项进行设置。

图 6-33　提示面板

◎ 　3D 首选项(P)... 　按钮：单击后，将弹出图 6-34 所示的【首选项】对话框。

◎ 【现用光源限制】：用于设置现用光源的初始限制。如果载入的 3D 文件中的光源数量超过该限制数，某些光源在一开始就会被关闭，但用户仍可以使用【场景】视图中光源对象旁边的眼睛图标在 3D 面板中打开这些光源。

◎ 【默认漫射纹理限制】：用于设置漫射纹理不存在时，Photoshop 将在材质上自动生成的漫射纹理的最大数量。如果 3D 文件具有的材质数超过此数量，Photoshop 将不会自动生成纹理。漫射纹理是在 3D 文件上进行绘画所必需的，如在没有漫射纹理的材质上绘画，Photoshop 将提示创建纹理。

图 6-34　【首选项】对话框

分别将【现用光源限制】选项和【默认漫射纹理限制】选项的参数调大，以满足 3D 文件的需求。

【首选项】对话框中的其他选项，只有在使用 OpenGL 绘图时才可用。启用【使用 OpenGL】绘图选项的方法为：单击【首选项】对话框左侧的【性能】选项，然后，勾选右侧参数设置区中的【使用 OpenGL】选项即可。启用 OpenGL 后，在处理大型或复杂图像时可以加速视频处理过程。

◎ 【可用于 3D 的 VRAM】：用于设置 3D 引擎可以使用的显存量。该选项不会影响操作系统和普通 Photoshop VRAM 分配，仅用于设置 3D 允许使用的最大 VRAM。使用较大的 VRAM 有助于进行快速的 3D 交互，尤其是处理高分辨率的网格和纹理时。

◎ 【交互式渲染】：用于指定进行 3D 对象交互时，Photoshop 渲染选项的设置。设置为"OpenGL"，将在与 3D 对象进行交互时，始终使用硬件加速。对于某些品质设置，依赖于光线跟踪（如阴影、光源折射等）的高级渲染功能在交互时将不可见；设置为"光线跟踪"，将在与 3D 对象进行交互时，使用 Adobe Ray Tracer。如果要在交互期间查看阴影、反射或折射，就应启用下面的相应选项。需要注意的是，启用这些选项将会降低系统性能。

◎ 【3D 叠加】：用于指定各种参考线的颜色。

◎ 【地面】：进行 3D 操作时，用于设置显示地面的大小、网格大小及颜色。

◎ 【光线跟踪】：将【3D 场景】面板中的【品质】选项设置为"光线跟踪最终效果"时，此选项用于定义光线跟踪渲染的图像品质。如果设置的数值小，在某些区域（如柔和阴影、景深模糊）中的图像品质降低时，系统将自动停止光线跟踪。另外，在渲染时，可以通过单击鼠标左键或按键盘上的按键，手动停止光线跟踪。

6.2.2　3D 工具的基本应用

3D 工具主要包括 3D 对象工具组和 3D 相机工具组。3D 对象工具组用于修改 3D 模型的位置或大小；3D 相机工具组用于修改场景视图。

1. 3D 对象工具组

3D 对象工具组中包括 3D 对象旋转工具、3D 对象滚动工具、3D 对象平移工具、3D 对象滑动工具和 3D 对象比例工具。利用这些工具对模型进行编辑时，是对对象进行操作。

① 移动、旋转和缩放模型。

◎ 旋转：使用 3D 对象旋转工具时，用户可通过上下拖动鼠标，使模型围绕其 x 轴旋转，如图 6-35 所示；左右拖动鼠标，可围绕其 y 轴旋转，如图 6-36 所示；按住 Alt 键的同时拖动鼠标则可以滚动模型。

◎ 滚动：使用 3D 对象滚动工具 ◉ 时，用户可通过左右拖曳鼠标，使模型围绕其 z 轴旋转，如图 6-37 所示。

图 6-35　绕 x 轴旋转　　　　　　图 6-36　绕 y 轴旋转　　　　　　图 6-37　绕 z 轴旋转

◎ 拖动：使用 3D 对象平移工具 ✛ 时，用户可通过左右拖曳鼠标，沿水平方向移动模型；上下拖曳鼠标，将沿垂直方向移动模型；按住 Alt 键的同时拖曳鼠标，可沿 x/z 轴方向移动模型。

◎ 滑动：使用 3D 对象滑动工具 ✛ 时，用户可通过左右拖曳鼠标，沿水平方向移动模型；上下拖曳鼠标，可将模型移近或移远；按住 Alt 键的同时拖动鼠标可沿 x/y 轴方向移动模型。

◎ 缩放：使用 3D 对象比例工具 ◈ 时，用户可通过上下拖动鼠标来放大或缩小模型；按住 Alt 键的同时拖动模型可沿 z 轴方向缩放模型。

② 3D 对象工具组属性栏。

3D 对象工具组的属性栏如图 6-38 所示。

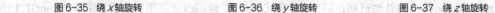

图 6-38　3D 对象工具组的属性栏

◎ 【返回到初始对象位置】按钮 ◉：单击此按钮，可以将视图恢复为文档打开时的状态。

◎ 【使用预设位置】选项：可在其下拉列表中选择一个预设的视图对模型进行观察。包括"左视图""右视图""俯视图""仰视图""前视图"和"后视图"。不同视图下的效果如图 6-39 所示。

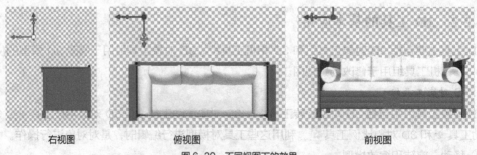

右视图　　　　　　　　　　俯视图　　　　　　　　　　前视图

图 6-39　不同视图下的效果

◎ 【存储当前视图】按钮 💾：可以将模型的当前位置保存为预设的视图，保存后可在【位置】选项的下拉列表中选择该视图。

◎ 【删除当前所选视图】按钮 🗑：当选择自定义的视图选项时，单击此按钮，可将自定义的视图在【位置】选项栏中删除，模型将恢复初始时的状态。

◎ 如果要根据数字精确定义模型的位置、旋转和缩放，可在【方向】选项的文本框中输入数值。

2. 3D 相机工具组

3D 对象工具组中包括 3D 旋转相机工具📷、3D 滚动相机工具◉、3D 平移相机工具✣、3D 滑动相机工具✥和 3D 比例相机工具📷。利用这些工具对模型进行的编辑，是对对象进行的操作。

① 移动、旋转和缩放相机。

◎ 3D 旋转相机工具📷：可使相机沿 x 轴或 y 轴方向环绕移动。激活此按钮后，将鼠标指针移动到画面中并拖动鼠标，即可使相机在水平或垂直方向环绕移动。按住 Ctrl 键的同时拖动鼠标，可以滚动相机。

◎ 3D 滚动相机工具◉：可围绕 z 轴旋转相机。

◎ 3D 平移相机工具✣：可沿 x 轴或 y 轴方向平移相机。左右拖动鼠标，可使相机在水平方向上移动位置；上下拖动鼠标，可使相机在垂直方向上移动位置。按住 Ctrl 键的同时拖动鼠标，可使相机沿 x 轴和 z 轴移动位置。

◎ 3D 滑动相机工具✥：可移动相机。拖动鼠标可使相机在 z 轴平移、y 轴旋转；按住 Ctrl 键的同时拖动鼠标，可使相机沿 z 轴平移、x 轴旋转。

◎ 3D 比例相机工具📷：可拉近或推远相机的视角。

② 3D 相机工具组的属性栏。

选择 3D 比例相机工具📷，其属性栏如图 6-40 所示。

图 6-40　3D 比例相机工具的属性栏

◎ 【透视相机——使用视角】按钮 📷：可显示汇聚成消失点的平行线。

◎ 【正交相机——使用缩放】按钮 📷：保持平行线不相交，能在精确的缩放视图中显示模型，而不会出现任何透视扭曲。

◎ 【标准视角】选项：可显示当前 3D 相机的视角，右侧的选项窗口中包括【垂直角度】【水平角度】和【毫米镜头】。当选择【垂直角度】和【水平角度】选项时，标准视角的最大值为 180。

◎ 【景深】选项：用于设置景深效果。"模糊"可以使图像的其余部分模糊化。"距离"用于确定聚焦位置到相机的距离。

6.2.3　为花瓶贴图

下面以实例的形式来详细讲解【3D】面板的运用。

🔑 为花瓶贴图

步骤❶ 打开素材文件中"图库\第 06 章"目录下的"花瓶.3DS"文件，如图 6-41 所示。

步骤❷ 执行【窗口】/【3D】命令，打开【3D】面板，再单击【3D】面板上方的 ▦ 按钮，切换到【3D{材质}】面板，然后，单击图 6-42 所示的 📷 按钮。

步骤❸ 在弹出的下拉菜单中选择【载入纹理】命令，然后，在弹出的【打开】对话框中选择素材文

件中"图库\第 06 章"目录下的"天然底纹.jpg"文件，单击 打开① 按钮，赋予贴图后的模型效果
如图 6-43 所示。

图 6-41 打开的图片　　　　　　图 6-42 【3D{材质}】面板　　图 6-43 赋予贴图后的模型效果

步骤④ 单击【漫射】选项右侧的 按钮，在弹出的下拉菜单中选择【编辑属性】命令，然后，在弹
出的【纹理属性】对话框中设置参数，如图 6-44 所示。

步骤⑤ 单击 确定 按钮，编辑纹理属性后的效果如图 6-45 所示。

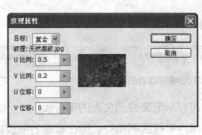

图 6-44 【纹理属性】对话框　　　图 6-45 编辑纹理属性后的效果

步骤⑥ 在【3D{材质}】面板中设置其他参数，如图 6-46 所示。设置参数后的效果如图 6-47 所示。

步骤⑦ 打开素材文件中"图库\第 06 章"目录下的"生活空间.jpg"文件，然后，将前面赋予了材
质的花瓶复制到打开的文件中，效果如图 6-48 所示。

图 6-46 【3D{材质}】面板　　　图 6-47 设置参数后的效果　　　图 6-48 复制进来的花瓶

步骤⑧ 在【3D{材质}】面板中单击【环境】选项右侧的 ▇▇▇ 色块，在弹出的【选择环境色】对话框中设置颜色为浅褐色（R:150,G:120,B:120）。更改环境颜色后的效果如图 6-49 所示。

步骤⑨ 执行【图层】/【图层样式】/【投影】命令，在弹出的【图层样式】对话框中设置参数，如图 6-50 所示。

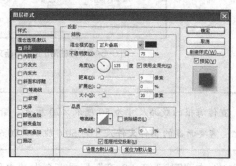

图 6-49　更改环境色后的效果　　　　　　　　图 6-50　【图层样式】对话框

步骤⑩ 单击 确定 按钮，添加投影样式后的效果如图 6-51 所示。

步骤⑪ 选择椭圆选框工具 ○，将属性栏中的【羽化】参数设置为"20 像素"，然后，在花瓶的下方绘制出图 6-52 所示的椭圆形选区。

步骤⑫ 在"图层 1"的下方新建"图层 2"，再为选区填充黑色，然后，按 Ctrl+D 组合键，将选区去除，填充颜色后的效果如图 6-53 所示。

图 6-51　添加投影样式后的效果　　　图 6-52　绘制的选区　　　图 6-53　填充颜色后的效果

步骤⑬ 按 Shift+Ctrl+S 组合键，将文件另存为"为花瓶贴图.psd"。

6.3　综合案例——宣传海报设计

　　宣传海报是生活中极为常见的广告形式，使用非常广泛，需要设计师要有熟练的软件操作技能和设计能力。

微课 8
宣传海报设计

🔑 设计宣传单

步骤① 新建一个【宽度】为"50.6 厘米"、【高度】为"70.6 厘米"、【分辨率】为"300 像素/英寸"、【颜色模式】为"CMYK 颜色"的名称为"宣传海报"的新建文件，如图 6-54 所示。

图 6-54 新建的带出血位的新文件

提示

宣传海报的成品尺寸为 50 厘米×70 厘米，输出印刷时需要各边留出出血位 3 毫米，因此，需要新建的制作文件尺寸为 50.6 厘米×70.6 厘米。

步骤② 打开素材文件中"图库\第 06 章"目录下名为"水彩背景.jpg"的图片文件，然后，将该文件移动到新建的文件中，如图 6-55 所示。然后执行【自由变换】（或按 Ctrl+T 组合键）命令，将图片调整至满画面，效果如图 6-56 所示。

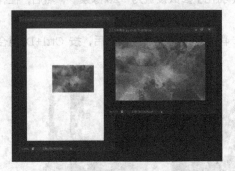
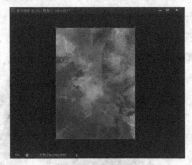

图 6-55 移动到新建文件中的水彩背景图片　　　　　图 6-56 满版效果

步骤③ 打开素材文件中"图库\第 06 章"目录下的"标志.jpg"文件，然后，将标志图形移动到新建的文件中，如图 6-57 所示，然后调整至图 6-58 所示的位置。

图 6-57 移动标志至新建文件　　　　　图 6-58 调整后的标志

步骤④ 选用魔棒工具，把标志中白底色部分选中并删除，只保留标志部分，调整至图 6-59 所示的效果。

图 6-59　去除白底后的标志效果

步骤⑤ 打开【图层】/【图层样式】/【描边】命令，制作后的效果如图 6-60 所示。然后选择【投影】命令，如图 6-61 所示。

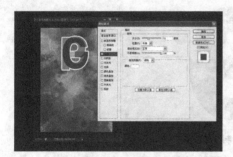 

图 6-60　描边后的标志效果　　　　　　　图 6-61　描边和投影后的标志效果

步骤⑥ 选择横排文字工具 **T**，输入英文字母和中文，如图 6-62 所示。然后，设置相应的字体、颜色、大小，并做好版式设计。

步骤⑦ 选择画笔工具，在画面的下方和右上角，画图 6-63 所示的效果，增强画面的活泼感和层次感。将此文件命名为"宣传海报.jpg"并保存。

图 6-62　输入中英文字　　　　　　　图 6-63　绘制的线型效果

小结

本章主要讲解了各种路径工具、矢量形状工具及 3D 工具的功能和使用方法。路径工具除了可以用于绘制一些其他选框工具无法绘制的复杂图形外，还可用于选择复杂背景中的图像。另外，用户可通过【路径】面板在路径和选区之间进行转换，还可以对路径进行填充或描边等操作。通过本章的学习，读者应能够熟练掌握这些工具的使用方法，为将来在实际工作中绘制图形打下基础。

习题

1. 用 "P" 和 "G" 英文字母，利用钢笔工具等路径工具设计制作一个标志，要求制作出立体多层次效果，画面效果如图 6-64 所示。

图 6-64　设计制作好的标志

操作步骤参考图 6-65。

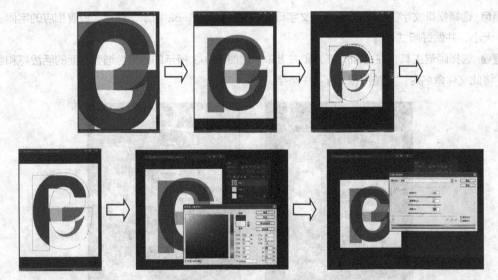

图 6-65　标志的制作步骤

2. 设计一幅海报，效果如图 6-66 所示。海报中的图片和书法文字可找任意素材替换，仅为提供实践练习参考。

图 6-66　设计完整的海报作品

操作步骤参考图 6-67。

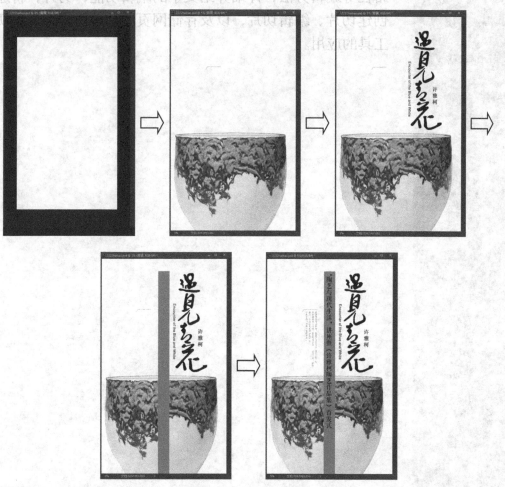

图 6-67　海报的设计步骤

07

第 7 章
文字工具与切片的应用

本章将讲解文字工具与切片的应用。本章将从文字的基本输入、字符及段落的基本设置到文字的转换、变形、跟随路径等编辑方法，详细介绍文字的编辑功能，另外，将通过创建切片、编辑切片，以及存储网页图片等内容来讲解切片工具的应用。

7.1 输入文字

利用 Photoshop 中的文字工具，可以在作品中输入文字，其使用方法与其他一些应用程序中的文字工具基本相同。Photoshop 强大的编辑功能，还可以对文字进行多姿多彩的特效制作和样式编辑，使设计的作品更加生动有趣。本节将讲解有关输入文字的方法及文字控制面板的设置。

7.1.1 将字体设置为中文显示

若安装 Photoshop 软件后，初次使用文字工具，其属性栏中的字体名称都显示为英文字体，如图 7-1 所示。为了在选择中文字体时更加方便，可以对字体的显示进行设置。执行【编辑】/【首选项】/【文字】命令，在弹出的【首选项】对话框中将【以英文显示字体名称】复选项的勾选取消，如图 7-2 所示。然后，单击 确定 按钮，即可显示为中文字体名称，如图 7-3 所示。

图 7-1 显示为英文字体　　　　图 7-2 设置【首选项】　　　　图 7-3 显示为中文字体

7.1.2 输入文字

文字工具组中有 4 种文字工具，即横排文字工具 **T**、直排文字工具 **IT**、横排文字蒙版工具 **T**和直排文字蒙版工具 **IT**。

可以利用文字工具在作品中输入点文字或段落文字。点文字适合在文字内容较少的画面中使用，以点文字输入的标题和以段落文字输入的文本内容如图 7-4 所示。

1. 输入点文字

输入点文字的操作方法为：选择横排文字工具 **T**或直排文字工具 **IT**，鼠标指针显示为文字输入，指针呈 **ᴵ** 或 **⊟** 形状，在文件中输入文字，然后，在属性栏或【字符】面板中设置相应的文字选项，按 Enter 键可使文字切换到一下行。

图 7-4 输入的文字

2. 输入段落文字

在输入段落文字之前，先利用文字工具绘制一个矩形定界框。输入文字时，系统将根据定界框的宽度自动换行。

如果输入的文字太多，定界框中无法全部容纳时，定界框右下角将出现溢出标记符号 田。此时，可以通过拖曳定界框四周的控制点来调整定界框的大小，以显示全部的文字内容。

3. 创建文字选区

可以使用横排文字蒙版工具 和直排文字蒙版工具 创建文字选区。创建文字选区的操作方法为：选择图层，然后选择文字工具组中的横排文字蒙版工具 或直排文字蒙版工具 ，再设置文字选项，在文件中单击后将会出现一个红色的蒙版，此时输入需要的文字，即可完成文字选区的创建。

7.2 编辑文字

输入文字后，就要根据需要对其进行编辑了，下面我们来分别讲解。

7.2.1 属性栏

文字工具组中各文字工具的属性栏是相同的。在图像中创建和编辑文字时，属性栏如图 7-5 所示。

图 7-5 文字工具的属性栏

◎ 【更改文本方向】按钮 ：单击此按钮，可以将水平方向的文本更改为垂直方向，或者将垂直方向的文本更改为水平方向。

◎ 【设置字体系列】 ：此下拉列表中的字体用于设置输入文字的字体；也可以将输入的文字选择后，再在字体列表中重新设置字体。

◎ 【设置字体样式】 ：可以在此下拉列表中设置文字的字体样式，包括"Regular（规则）""Italic（斜体）""Bold（粗体）"和"Bold Italic（粗斜体）"4 种字形。注意，当在字体列表中选择英文字体时，此列表中的选项才可用。

◎ 【设置字体大小】 ：用于设置文字的大小。

◎ 【设置消除锯齿的方法】 ：用于确定文字边缘消除锯齿的方式，包括"无""锐利""犀利""浑厚"和"平滑"5 种方式。

◎ 对齐方式按钮：在使用横排文字工具输入水平文字时，对齐方式按钮显示为 ，分别为"左对齐""水平居中对齐"和"右对齐"；当使用直排文字工具输入垂直文字时，对齐方式按钮显示为 ，分别为"顶对齐""垂直居中对齐"和"底对齐"。

◎ 【设置文本颜色】色块 ：单击此色块后，可以在弹出的【拾色器】对话框中设置文字的颜色。

◎ 【创建文字变形】按钮 ：单击此按钮，将弹出【变形文字】对话框，用于设置文字的变形效果。

◎ 【取消所有当前编辑】按钮 ：单击此按钮，可取消文本的输入或编辑操作。

◎ 【提交所有当前编辑】按钮 ：单击此按钮，可确认文本的输入或编辑操作。

◎ 【切换字符和段落面板】按钮 ：单击此按钮，可编辑文本及段落操作。

7.2.2 【字符】面板

执行【窗口】/【字符】命令，或者单击文字工具属性栏中的  按钮，或者单击工作区面板中的【字符】面板图标 ，都将弹出【字符】面板，如图 7-6 所示。

在【字符】面板中设置字体、字号、字形和颜色的方法与在属性栏中的设置方法相同，在此不再赘述。下面介绍用于设置字间距、行间距和基线偏移等内容的选项的功能。

图 7-6 【字符】面板

◎ 【设置行距】 ：用于设置文本中每行文字之间的距离。

◎ 【垂直缩放】和【水平缩放】 ：用于设置文字在垂直方向和水平方向的缩放比例。

◎ 【设置所选字符的比例间距】 ：用于设置所选字符的间距缩放比例。可以在此下拉列表中选择 0%～100% 的缩放数值。

◎ 【设置字距】 ：用于设置文本中相邻两个文字之间的距离。

◎ 【设置字距微调】 ：用于设置相邻两个字符之间的距离。设置此选项时不需要选择字符，只需在字符之间单击以指定插入点，然后，设置相应的参数即可。

◎ 【基线偏移】 ：用于设置文字由基线位置向上或向下偏移的高度。在文本框中输入正值，可使横排文字向上偏移，直排文字向右偏移；输入负值，可使横排文字向下偏移，直排文字向左偏移，效果如图 7-7 所示。

图 7-7 文字偏移效果

【字符】面板中各按钮的含义分述如下。

◎ 【仿粗体】按钮 ：可以将当前选择的文字加粗显示。

◎ 【仿斜体】按钮 ：可以将当前选择的文字倾斜显示。

◎ 【全部大写字母】按钮 ：可以将当前选择的小写字母变为大写字母显示。

◎ 【小型大写字母】按钮 ：可以将当前选择的字母变为小型大写字母显示。

◎ 【上标】按钮 ：可以将当前选择的文字变为上标显示。

◎ 【下标】按钮 ：可以将当前选择的文字变为下标显示。

◎ 【下划线】按钮 ：可以在当前选择的文字下方添加下划线。

◎ 【删除线】按钮 ：可以在当前选择的文字中间添加删除线。

激活不同按钮时的字母效果如图 7-8 所示。

Art Design 正常显示	**Art Design** 仿粗体	*Art Design* 仿斜体
ART DESIGN 全部大写字母	Art Design 小型大写字母	Art Design 上标
Art Design 下标	Art Design 下划线	Art Design 删除线

图 7-8 文字效果

7.2.3　【段落】面板

【段落】面板的主要功能是设置文字对齐方式及缩进量。当选择横向的文本时，【段落】面板如图 7-9 所示，最上一行各按钮的功能分述如下。

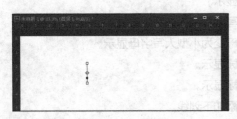

◎ 　按钮：3 个对齐方式分别为左对齐、居中对齐和右对齐。

◎ 　按钮：4 个按钮用于调整段落中最后一行对齐方式，分别为左对齐、居中对齐、右对齐和两端对齐。

当选择竖向的文本时，【段落】面板最上一行各按钮的功能分述如下。

◎ 　按钮：这 3 个按钮分别为顶对齐、居中对齐和底对齐。

◎ 　按钮：这 4 个按钮分别为顶对齐、居中对齐、底对齐和两端对齐。

图 7-9　【段落】面板

【段落】面板其余选项介绍如下。

◎ 【左缩进】　：用于设置段落左侧的缩进量。

◎ 【右缩进】　：用于设置段落右侧的缩进量。

◎ 【首行缩进】　：用于设置段落第一行的缩进量。

◎ 【段前添加空格】　：用于设置每段文本与前一段之间的距离。

◎ 【段后添加空格】　：用于设置每段文本与后一段之间的距离。

◎ 【避头尾法则设置】和【间距组合设置】：用于编排日语字符。

◎ 【连字】：勾选此复选项后，将允许使用连字符连接单词。

7.2.4　文字的输入与编辑

下面以实例的形式来学习文字的基本输入方法，以及利用【字符】面板和【段落】面板设置文字属性的操作方法。

⊶ 输入文字并编辑

步骤❶ 打开素材文件中"图库\第 07 章"目录下的"背景.jpg"文件。

步骤❷ 选择横排文字工具 T，将鼠标指针移动到画面的上方，单击鼠标左键，单击的位置将出现文本输入光标，如图 7-10 所示。

步骤❸ 选取适合自己的输入法，比如，使用"智能 ABC"输入法。

步骤❹ 在输入法右侧的 图标上单击鼠标右键，可弹出软键盘，用于输入特殊的符号。

步骤❺ 在软键盘中分别单击图 7-11 所示的方括号键。在画面中输入方括号，如图 7-12 所示。

图 7-10　显示的文本输入光标

图 7-11　单击的符号

图 7-12　输入的方括号

步骤⑥ 单击■图标关闭软键盘，然后，按键盘中向左的方向键，将画面中的文字输入光标移动到方括号内，如图 7-13 所示。

步骤⑦ 在方括号内输入图 7-14 所示的文字。

图 7-13　文字输入光标移动的位置　　　图 7-14　输入的文字

步骤⑧ 按键盘中向右的方向键，将文字输入光标移动到所有文字的最右侧，然后按住 Shift 键并反复按向左的方向键，将输入的文字全部选择。

步骤⑨ 单击文字工具属性栏中的■按钮，在弹出的【字符】面板中设置各项参数，如图 7-15 所示，其中文本的颜色为黑色。

步骤⑩ 单击属性栏中的✓按钮，确定文字的字体、字号及颜色编辑，效果如图 7-16 所示。

步骤⑪ 再次选择横排文字工具 T，单击属性栏中的■按钮，在弹出的【字符】面板中设置各项参数，如图 7-17 所示。

 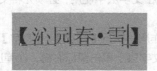 

图 7-15　设置的字体、字号及颜色　　图 7-16　编辑后的文字效果　　　图 7-17　设置的参数

步骤⑫ 拖曳鼠标绘制出图 7-18 所示的文本定界框。输入图 7-19 所示的文字，单击✓按钮确认。

图 7-18　绘制的文本定界框　　　　　　图 7-19　输入的文字

步骤⑬ 单击【段落】选项卡，然后设置参数，如图 7-20 所示。设置段落属性后的效果如图 7-21 所示。

 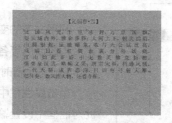

图 7-20　设置的参数　　　图 7-21　设置段落属性后的效果

步骤⑭ 按 Shift+Ctrl+S 组合键，将此文件另存为"文字输入练习.psd"。

7.3 转换文字

利用 Photoshop 中的文字工具在作品中输入文字后，用户还可以通过 Photoshop 强大的编辑功能，对文字进行多姿多彩的特效制作和样式编辑，使设计出的作品更加生动有趣。

7.3.1 将文字转换为路径

执行【图层】/【文字】/【创建工作路径】命令，可以将文字转换为路径。转换后，文字将以临时路径"工作路径"出现在【路径】面板中。将文字转换为工作路径后，原文字图层保持不变并可继续进行编辑。

7.3.2 将文字转换为形状

执行【图层】/【文字】/【转换为形状】命令，可以将文字图层转换为具有矢量蒙版的形状图层，可以通过编辑矢量蒙版来改变文字的形状，但是此文字无法在图层中再作为文本进行编辑。

7.3.3 将文字层转换为工作层

许多编辑命令和编辑工具都无法在文字层中使用，必须先将文字层转换为普通层后才可使用相应命令，其转换方法有以下 3 种。

① 将要转换的文字层设置为工作层，执行【图层】/【文字】/【栅格化图层】命令。

② 在【图层】面板中要转换的文字层上单击鼠标右键，在弹出的快捷菜单中选择【栅格化文字】命令。

③ 在文字层中使用编辑工具或命令（如画笔工具、橡皮擦工具等）时，将会弹出【Adobe Photoshop】询问面板。在该面板中直接单击 确定 按钮，也可以将文字栅格化。

7.3.4 转换点文字与段落文字

在实际操作中，经常需要将点文字转换为段落文字，以便在定界框中重新排列字符，或者将段落文字转换为点文字，使各行文字独立地排列。

在【图层】面板中选择要转换的文字层，确保文字没有处于被编辑状态。然后，执行【图层】/【文字】/【转换为段落文本】命令，即可完成点文字与段落文字之间的相互转换。

7.4 变形文字

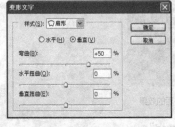

图 7-22 【变形文字】对话框

利用文字的变形命令，可以扭曲文字，以生成扇形、弧形、拱形和波浪形等各种不同形态的特殊文字效果。对文字进行变形操作后，还可随时更改文字的变形样式，以改变文字的变形效果。

单击属性栏中的 ![icon] 按钮，弹出【变形文字】对话框。可以在此对话框中设置输入文字的变形效果。注意，此对话框中的选项默认状态都显示为灰色，只有在【样式】下拉列表中选择除【无】以外的其他选项后才可调整，如图 7-22 所示。

◎ 【样式】：此下拉列表中包含 15 种变形样式，选择不同样式产生的文字变形效果如图 7-23 所示。

◎ 【水平】和【垂直】：用于设置文字是在水平方向还是在垂直方向上进行变形。

◎ 【弯曲】：用于设置文字扭曲的程度。

◎ 【水平扭曲】和【垂直扭曲】：用于设置文字在水平或垂直方向上的扭曲程度。

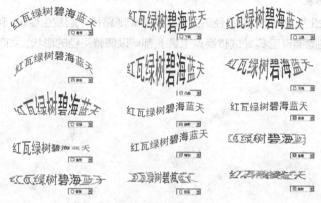

图 7-23　各种文字变形效果

7.5　路径文字

在 Photoshop CS6 中，用户可以利用文字工具沿着路径输入文字。路径可以是用钢笔工具或矢量形状工具组创建的任意形状路径。在路径边缘或内部输入文字后，还可以移动路径或更改路径的形状，文字也会顺应新的路径位置或形状而改变。沿路径输入文字的效果如图 7-24 所示。

1. 编辑路径上的文字

可利用路径选择工具 或直接选择工具 移动路径上文字的位置，方法是：选择任一个工具，将鼠标指针移动到路径上文字的起点位置，此时，鼠标指针会变为 形状，在路径的外侧沿着路径拖曳鼠标指针，即可移动文字在路径上的位置，如图 7-25 所示。

当鼠标指针显示 形状时，在圆形路径内侧单击或拖曳鼠标光标，文字将会跨越到路径的另一侧，如图 7-26 所示。设置【字符】面板中的【基线偏移】，可以调整文字与路径之间的距离。

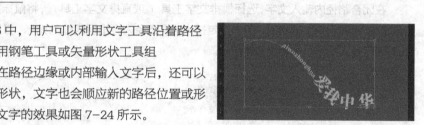

图 7-24　沿路径输入文字的效果

 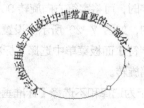 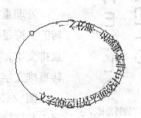

图 7-25　移动文字在路径上的位置　　　　　　图 7-26　文字跨越到路径的另一侧

2. 隐藏和显示路径上的文字

选择路径选择工具 ▶ 或直接选择工具 ▶，将鼠标指针移动到路径文字的起点或终点位置，当鼠标指针显示为 ┆ 形状时，顺时针或逆时针方向拖曳鼠标光标，可以在路径上隐藏部分文字。此时，文字终点的鼠标图标显示为 ⊕ 形状。当拖曳至文字的起点位置时，文字将全部被隐藏。若再拖曳鼠标光标，文字又会在路径上显示。

3. 改变路径的形状

当路径的形状发生变化后，跟随路径的文字将继续跟随路径一起发生变化。利用直接选择工具 ▶、添加锚点工具 ✐、删除锚点工具 ✐ 或转换点工具 ⋏ 都可以调整路径的形状，如图 7-27 所示。

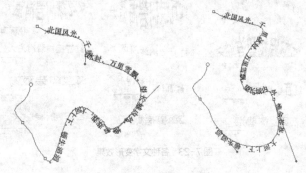

图 7-27 改变路径的形状

4. 在闭合路径内输入文字

在闭合路径内输入文字，选择横排文字工具 T 或直排文字工具 ⁞T⁞，将鼠标指针移动到闭合路径内。当鼠标指针显示为 ⊕ 形状时，单击指定插入点，路径内会出现闪烁的光标，且路径外出现文字定界框。此时即可输入文字，如图 7-28 所示。

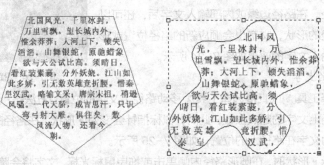

图 7-28 在闭合路径内输入文字

5. 旋转直排文字

处理直排文字时，可将字符方向旋转 90°，旋转后的字符是直立的，未旋转的字符是横向的，如图 7-29 所示。设置旋转直排文字的操作方法为：选择直排文字，在【字符】面板菜单中选择【标准垂直罗马对齐方式】命令，可旋转直排文字或取消旋转。

图 7-30 所示为选择和不选择【标准垂直罗马对齐方式】命令时文字在路径上的旋转效果。

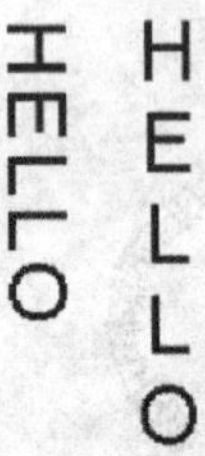

图 7-29 旋转直排文字

6. 使用【直排内横排】命令旋转字符

在【字符】面板菜单中选择【直排内横排】命令，可以将直排文字中的部分英文字符或数字字符设置为横排，如图 7-31 所示。

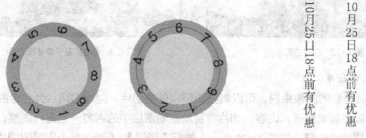

图 7-30   文字在路径上的旋转效果   图 7-31   旋转的字符

7.6   切片的应用

在保证图片质量的前提下，用于网页的图片应尽量小，以缩短在网页中打开图片的时间。

利用 Photoshop 提供的图像切片功能，可以把设计好的网页版面按照不同的功能划分为大小不同的矩形区域。当优化保存网页图片时，各个切片将作为独立的文件被保存。优化过的图片在网页上显示时，显示速度会提高。切片使用 HTML 表或 CSS 图层将图像划分为若干较小的图像，这些图像可在网页上重新组合。通过划分图像，用户可以指定不同的 URL 链接，以创建页面导航，还可以使用【存储为 Web 所用格式】命令来导出和优化切片图像。

7.6.1   切片的类型

图像的切片分为以下 3 种类型。

◎ 用户切片：利用切片工具 ✎ 创建的切片为用户切片，切片四周以实线表示。

◎ 基于图层的切片：执行【图层】/【新建基于图层的切片】命令创建的切片为基于图层的切片。

◎ 自动切片：在创建用户切片和基于图层的切片时，图像中剩余的区域将自动添加切片，称为自动切片，其四周以虚线表示。

7.6.2   创建切片

为图像创建切片的方法有以下 3 种。

1. 用切片工具创建切片

将素材文件中"图库\第 07 章"目录下的"摄影网站.psd"文件打开，在工具箱中选择切片工具 ✎ ，按下鼠标左键并拖曳鼠标，释放鼠标左键后，即可在画面中绘制出图 7-32 所示的切片。

2. 基于参考线创建切片

如果在图像文件中按照切片的位置需要添加了参考线，在工具箱中选择切片工具 ✎ 后，单击属性栏中的 基于参考线的切片 按钮，即可根据参考线添加切片，如图 7-33 所示。

图 7-32　创建的切片

图 7-33　创建的基于参考线的切片

3.基于图层创建切片

对于 PSD 格式分层的图像来说，可以根据图层来创建切片，创建的切片会包含图层中所有的图像内容。如果移动该图层或编辑其内容，切片将自动跟随图层中的内容一起进行调整。在【图层】面板中选择需要创建切片的图层，如图 7-34 所示。执行【图层】/【新建基于图层的切片】命令，即可完成切片的创建，如图 7-35 所示。

图 7-34　选择图层

图 7-35　创建的基于图层的切片

7.6.3　编辑切片

下面介绍切片的各种编辑操作。

1.选择切片

选择切片选择工具 ，直接在自动切片区域单击，即可选中切片。

2.调整切片

被选择的切片四周会显示控制点，直接拖动控制点即可改变切片区域大小。除了手动修改切片的位置和大小外，还可以利用坐标数值或指定宽度和高度的方法来精确调整切片位置或大小。

3.删除切片

直接按 Delete 键，即可把选择的切片删除。执行【视图】/【清除切片】命令，可以删除图像中的所有切片。

4.划分切片

先用切片选择工具 选择需要划分的切片，如图 7-36 所示。

图 7-36　选择切片

单击属性栏中的 划分... 按钮，在弹出的【划分切片】对话框中设置划分切片的方式及个数，如图 7-37 所示。单击 确定 按钮即可得到图 7-38 所示的划分切片。

图 7-37 【划分切片】对话框

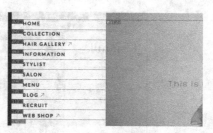

图 7-38 形成的划分切片

5. 显示/隐藏切片

在图像文件中创建了切片后，执行【视图】/【显示】/【切片】命令，取消勾选【切片】命令，即可将切片隐藏，再次执行该命令可以将切片显示。

7.6.4 设置切片选项

选择切片选择工具，在图像窗口中选择一个切片，单击属性栏中的【为当前切片设置选项】按钮，或者直接在切片内双击，即可弹出图 7-39 所示的【切片选项】对话框。

图 7-39 【切片选项】对话框

◎ 【切片类型】选项：选择【图像】选项表示当前切片在网页中显示为图像。选择【无图像】选项表明当前切片的图像不在网页中显示。

◎ 【名称】选项：用于显示当前切片的名称，也可自行设置，如"果盘_01"，表示当前打开的图像文件名称为"果盘"，当前切片的编号为"01"。

◎ 【URL】选项：用于设置在网页中单击当前切片可链接的网络地址。

◎ 【目标】选项：用于确定在网页中单击当前切片时，是在网络浏览器中还是在当前窗口中直接打开链接网页。输入 "_self"表示在当前窗口中打开链接网页，输入"_Blank"表示在新窗口打开链接网页。

◎ 【信息文本】选项：用于设置当鼠标指针移动到当前切片上时，网络浏览器下方信息行中显示的内容。

◎ 【Alt 标记】选项：用于设置当鼠标指针移动到当前切片上时，弹出的提示信息。

◎ 【尺寸】选项：【X】和【Y】值为当前切片的坐标，【W】和【H】值为当前切片的宽度和高度。

◎ 【切片背景类型】选项：用于设置切片背景的颜色。

7.6.5 优化存储网页图片

在 Photoshop 中处理图像切片的最终目的是将其发布到网上，所以，要把这些图片保存为网页的格式。

将一幅图像的切片设置完成后，执行【文件】/【存储为 Web 所用格式】命令，弹出【存储为 Web 所用格式】对话框，如图 7-40 所示。

图 7-40 【存储为 Web 所用格式】对话框

（1）查看优化效果：单击【原稿】选项卡，显示图片未进行优化的原始效果；单击【优化】选项卡，显示图片优化后的效果；单击【双联】选项卡，可以同时显示图片的原稿和优化后的效果；单击【四联】选项卡，可以同时显示图片的原稿和 3 个版本的优化效果。

（2）查看图像的工具：对话框左侧 6 个工具按钮分别用于查看图像的不同部分 、选择切片 、放大或缩小视图 、吸收颜色 、设置颜色 、隐藏和显示切片标记 。

（3）优化设置：对话框的右侧为进行优化设置的区域。可以在【预设】列表中设置不同的优化格式。图 7-41 所示为分别设置"GIF""JPEG"和"PNG"格式后，所显示的不同优化设置选项。

图 7-41 优化设置选项

对于"GIF"和"PNG"格式的图片，可以适当设置【损耗】和减小【颜色】数值，以得到较小的文件，一般设置不超过"10"的损耗值即可；对于"JPEG"格式的图片，可以适当降低图像的【品质】，以得到较小的文件，一般设置为"40"左右即可。如果图像文件是删除了"背景"层而包含透明区域的图层，可以在【杂边】右侧设置用于填充图像透明图层区域的背景色。

（4）【图像大小】选项：单击该选项，可以根据需要自定义图像的大小。

所有选项设置完成后，可以通过浏览器查看效果。单击【存储为 Web 所用格式】对话框左下角的 按钮，即可在浏览器中浏览该图像效果，如图 7-42 所示。向下拖动滑块，可显示图像输出的一些数据信息，如图 7-43 所示。

图 7-42　在浏览器中浏览图像效果　　　　　图 7-43　显示的数据信息

关闭该浏览器，单击  按钮，将弹出【将优化结果存储为】对话框。在该对话框中，如果在【保存类型】下拉列表中选择"HTML 和图像"，文件存储后会把所有的切片图像文件保存并生成一个"*.html"格式的网页文件；如果选择"仅限图像"选项，就只会把所有的切片图像文件保存，而不生成"*.html"格式的网页文件；如果选择"仅限 HTML"选项，就保存一个"*.html"格式的网页文件，而不保存切片图像。

7.7　综合案例——设计网站界面

本节将运用文字、路径、钢笔等工具来设计"正道文化"的网站主界面。

微课 9
设计网站界面

1. 标志设计

步骤① 新建一个【宽度】为"25 厘米"、【高度】为"25 厘米"、【分辨率】为"300 像素/英寸"、【颜色模式】为"RGB 颜色"的白色背景文件，如图 7-44 所示。新建"图层 1"。如图 7-45 所示。

图 7-44　新建文件的参数设置　　　　　图 7-45　新建图层

步骤② 选择钢笔工具设计标志的路径图形，如图 7-46 所示。然后，在画面中单击鼠标右键，在弹出的快捷菜单中选择【建立选区】命令，如图 7-47 所示。

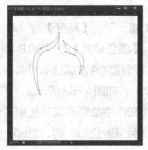

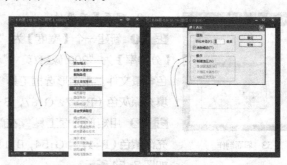

图 7-46　建立标志路径　　　　　图 7-47　建立标志选区

步骤③ 单击 [确定] 按钮，建立选区，如图 7-48 所示。然后选择【拾色器】，设置颜色，如图 7-49 所示。再选择【编辑】/【填充】命令，对选区图形填充颜色，单击鼠标左键去除选区，如图 7-50 所示。

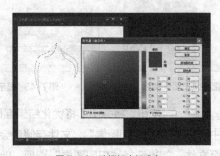

图 7-48　建立可编辑选区　　　　　图 7-49　选择标志标准色　　　　　图 7-50　填充标志颜色

步骤④ 使用同样的步骤和方法完成标志的其余部分，设计过程和效果如图 7-51 所示。

图 7-51　设计完成的标志

步骤⑤ 选择横排文字工具 **T**，单击属性栏中的 图 按钮，在弹出的【字符】面板中设置参数，然后输入相应的公司中文名称，如图 7-52 所示。

图 7-52　在【字符】面板中进行参数设置并输入文字

2. 网页界面设计

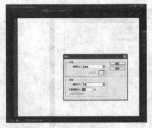

图 7-53　界面制作

步骤① 新建一个【宽度】为"21 厘米"、【高度】为"28 厘米"、【分辨率】为"200 像素/英寸"、【颜色模式】为"RGB 颜色"的白色背景文件。用矩形选框工具 在新建文件左侧绘制界面矩形选区，填充深灰色（R:87，G:87，B:87），如图 7-53 所示。

步骤② 用矩形选框工具 在新建文件中绘制界面其他矩形选区，填充深紫色（R:170，G:54，B:117）和深蓝色（R:46，G:50，B:120），如图 7-54 所示。

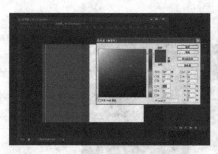

图 7-54　界面制作

步骤③ 选择多边形套索工具 ，按住 Shift 键并依次绘制出图 7-55 所示的选区，并填充颜色。

图 7-55　界面制作

步骤④ 选择多边形套索工具 ，重复步骤 3 的操作，完成图形的最终效果，如图 7-56 所示。

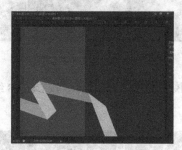

图 7-56　界面图形制作

步骤⑤ 将前面制作完毕的标志移到界面中，按 Ctrl+T 组合键调整标志大小，移到合适的位置，将汉字颜色转换成白色，效果如图 7-57 所示。

图 7-57　标志大小位置编辑

步骤⑥ 执行【图层】/【图层样式】/【外发光】命令，进行图 7-58 所示的设置并完成标志的效果处理。

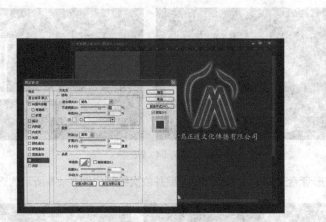

图 7-58　标志的最终效果

步骤⑦ 利用画笔、文字、矩形、多边形套索等工具制作相关的图标和美化画面，效果如图 7-59 所示。

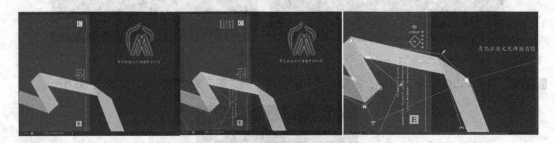

图 7-59　添加相关元素后的效果

步骤⑧ 设计制作完整的网页界面效果如图 7-60 所示。按 Ctrl+S 组合键，将文件命名为"网页设计界面.psd"并保存。

图 7-60　设计完成后的作品

步骤⑨ 切片分割后，执行【文件】/【存储为 Web 所用格式】命令，预览网页效果。最终发布的网页如图 7-61 所示。

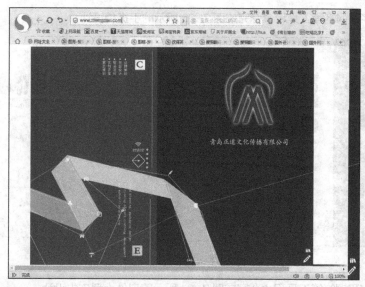

图 7-61　预览网页效果

小结

　　本章主要讲述了文字和切片工具的使用方法，包括字体的显示设置、文字的输入与编辑、文字的转换、变形和跟随路径、切片的类型、创建和编辑切片，以及存储网页图片的方法等内容。其中文字的转换、变形和跟随路径对今后的排版、字体创意设计及制作特效字等美工工作有很大的作用，希望读者能熟练掌握。

习题

1. 运用文字、钢笔、渐变、椭圆选框等工具和命令制作图 7-62 所示的标志。

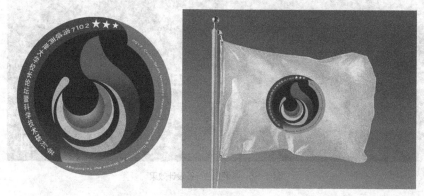

图 7-62　标志制作效果

2. 利用文字和钢笔等工具和命令完成图 7-63 所示的手提袋设计。

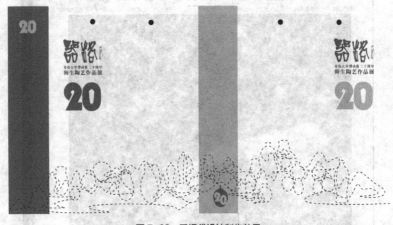

图 7-63　手提袋设计制作效果

3. 利用文字和钢笔等工具和命令完成图 7-64 所示的户外大型广告设计。

图 7-64　户外大型广告设计制作效果

4. 利用文字、套索、钢笔、选框等工具和命令完成图 7-65 所示的啤酒包装标签设计。

图 7-65　啤酒包装标签设计效果

08

第 8 章
图层、蒙版与通道

　　图层、蒙版和通道是 Photoshop 的三大利器。多数图像的处理都离不开图层和蒙版的应用，灵活地运用蒙版，可以制作出很多梦幻般的图像合成效果。通道在图像处理与合成中占有非常重要的地位，特别是高难度图像的合成几乎都离不开通道。本章将通过概念解析及实例操作的形式来详细介绍有关图层、蒙版和通道的知识。

8.1　图层

本节要讲解的图层知识，包括图层的概念、图层的面板、图层的类型、图层的基本操作和应用技巧等。

8.1.1　图层的概念

图层就像一张透明的纸，要在纸上绘制一幅美丽的蝴蝶作品，首先要有画板，然后在画板上添加一张完全透明的纸，绘制草地，绘制完成后在画板上再添加透明纸，绘制天空、蝴蝶等其他图形，以此类推。这个绘制过程中所添加的每一张纸就代表一个图层。图层原理如图 8-1 所示。

图 8-1　图层原理说明图

8.1.2　图层的面板

【图层】面板主要用于管理图像文件中的图层、图层组和图层效果，方便图像处理操作以及显示或隐藏当前文件中的图像，还可以进行图像不透明度、模式设置，以及创建、锁定、复制和删除图层等操作。

打开素材文件中"图库\第 08 章"目录下名为"图层面板说明图.psd"的文件，画面效果及【图层】面板如图 8-2 所示。

图 8-2　打开的文件及【图层】面板

下面简要介绍【图层】面板中各选项和按钮的功能。

◎　【图层面板菜单】按钮：单击此按钮，可弹出【图层】面板的下拉菜单。

◎ 【显示/隐藏图层】图标 👁 ：表示此图层处于可见状态。单击此图标后，图标中的眼睛将被隐藏，表示此图层处于不可见状态。

◎ 【剪贴蒙版】图标 ：用于执行【图层】/【创建剪贴蒙版】命令，当前图层将与下面的图层相结合并建立剪贴蒙版，当前图层的前面出现剪贴蒙版图标，其下面的图层即为剪贴蒙版图层。

在【图层】面板底部有 7 个按钮，各按钮功能分别介绍如下。

◎ 【链接图层】按钮 🔗 ：用于链接两个或多个图层，链接后即可一起移动链接图层中的内容，还可以对链接图层执行对齐、分布及合并等操作。

◎ 【添加图层样式】按钮 _fx._ ：可以给当前图层中的图像添加各种样式效果。

◎ 【添加图层蒙版】按钮 ▣ ：可以给当前图层添加蒙版。如果先在图像中创建适当的选区，再单击此按钮，可以根据选区范围在当前图层上建立适当的图层蒙版。

◎ 【创建新组】按钮 ▭ ：可以在【图层】面板中创建一个新的序列。序列类似于文件夹，方便图层的管理和查询。

◎ 【创建新的填充或调整图层】按钮 ◑ ：可以在当前图层上添加一个调整图层，对当前图层下边的图层进行色调、明暗等颜色效果的调整。

◎ 【创建新图层】按钮 ▱ ：可以在当前图层上创建新图层。

◎ 【删除图层】按钮 🗑 ：可以将当前图层删除。

8.1.3　图层的类型

在【图层】面板中包含多种图层类型，每种类型的图层都有不同的功能和用途。它们在【图层】面板中的显示状态也不同，可以利用不同的图层类型完成不同的效果。

8.1.4　新建图层、图层组

执行【图层】/【新建】命令后，将弹出图 8-3 所示的【新建】子菜单。

选择【图层】命令后，系统将弹出图 8-4 所示的【新建图层】对话框。在此对话框中，可以对新建图层的颜色、模式和不透明度进行设置。

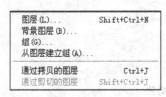

图 8-3　【新建】子菜单

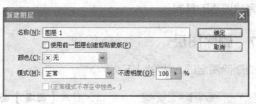

图 8-4　【新建图层】对话框

8.1.5　隐藏、显示和激活图层

在【图层】面板中，每个图层的最左侧都有一个【显示】图标 👁 。此图标表示该层处于可见状态。单击此图标后，"眼睛"将消失，同时，图像文件中该图层中的内容将被隐藏。这表示该层处于不可见状态。

当图像文件中有多个图层时，所做的操作只在被激活的工作图层中起作用。激活图层的方法有以下 3 种。

1. 【图层】面板法

在【图层】面板中单击所需要的图层、图层组，即可将其激活。

2. 移动工具属性栏法

选择移动工具，在属性栏中勾选 ☑自动选择:复选项，然后，在右侧的下拉列表中设置【组】或【图层】选项，再在图像文件中单击。此时，系统会将鼠标单击位置的图像所属的最顶层图层激活。

3. 鼠标右键法

选择移动工具，然后，在图像上单击鼠标右键，弹出与鼠标单击处图像相关的图层选项菜单，选择其中的某一图层后，该图层即被激活。

8.1.6 复制图层

对图层进行复制是图像处理过程中经常用到的操作。复制图层的方法有以下两种。

1. 【图层】面板法

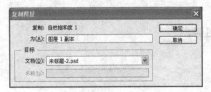

图 8-5 【复制图层】对话框

在【图层】面板中，将要复制的图层拖曳至下方的 按钮上，释放鼠标左键后，即可在当前层的上方复制出该图层，使之成为该图层的副本层。如果在复制过程中按住 Alt 键，会弹出图 8-5 所示的【复制图层】对话框。

2. 菜单命令法

复制图层可以在当前的图像文件中完成，也可以将当前图像文件的图层复制到其他打开的图像文件或新建的文件中。利用菜单命令复制图层的操作方法有以下 3 种。

① 执行【图层】/【复制图层】命令。

② 在【图层】面板中要复制的图层上单击鼠标右键，在弹出的快捷菜单中选择【复制图层】命令。

③ 单击【图层】面板右上角的按钮，在弹出的下拉菜单中选择【复制图层】命令。

执行以上任一操作，都会弹出【复制图层】对话框，在该对话框中设置选项后单击 确定 按钮，即可完成图层的复制。

8.1.7 删除图层

常用的删除图层的方法有以下 2 种。

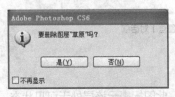

图 8-6 询问面板

1. 利用【图层】面板删除

利用图层面板删除图层的方法有 2 种。

① 在【图层】面板中选择要删除的图层，单击【图层】面板下方的 按钮，在弹出的图 8-6 所示的询问面板中单击 是(Y) 按钮，即可将该图层删除。当在询问面板中勾选【不再显示】选项后，单击 按钮时将不再弹出提示框。

② 在【图层】面板中，拖曳要删除的图层至 按钮上，释放鼠标左键后，即可删除该图层。

2. 菜单命令删除

在【图层】面板中选择要删除的图层后，执行【图层】/【删除】命令，在弹出的菜单中有以下两个命令。

【图层】和【隐藏图层】命令，单击【图层】命令即可删除该图层。该删除图层的方法相对于前两种方法较复杂，一般不常使用。

8.1.8 排列图层

图层的上下排列顺序对作品的效果有着直接的影响，因此，在绘制的过程中，必须准确调整各图层在画面中的排列顺序。调整图层的排列顺序有以下两种方法。

1. 菜单法

执行【图层】/【排列】命令后，将弹出【排列】的子菜单，执行其中相应的命令，可以调整图层的位置。

2. 手动法

将鼠标指针移至【图层】面板中要调整排列顺序的图层上，按住鼠标左键，然后，向上或向下拖曳鼠标。此时，【图层】面板中会有一线框随之移动，将线框调整至要移动的位置后，释放鼠标左键，当前图层即会调整至释放鼠标左键的图层位置。

8.1.9 链接图层

在【图层】面板中选择要链接的多个图层后，执行【图层】/【链接图层】命令，或者单击面板底部的 🔗 按钮，可以将选择的图层创建为链接图层，每个链接图层右侧都显示一个 🔗 图标。此时，若用移动工具移动或变换图像，就可以一起调整所有链接图层中的图像了。

在【图层】面板中选择一个链接图层，再执行【图层】/【选择链接图层】命令，可以将所有与之链接的图层全部选择；再执行【图层】/【取消图层链接】命令或单击【图层】面板底部的 🔗 按钮，可以解除它们的链接关系。

8.1.10 合并图层

在存储图像文件时，若图层太多，将会增加图像文件所占的磁盘空间，所以，在图形绘制完成后，可以将一些不必单独存在的图层合并。合并图层的常用命令有【向下合并】、【合并可见图层】和【拼合图像】等。

◎ 【图层】/【向下合并】命令：可以将当前工作图层与其下面的图层合并。在【图层】面板中，如果有与当前图层链接的图层，此命令将显示为【合并链接图层】。执行此命令可以将所有链接的图层合并到当前工作图层中。如果当前图层是序列图层，执行此命令可以将当前序列中的所有图层合并。

◎ 【图层】/【合并可见图层】命令：可以将【图层】面板中所有的可见图层合并，并生成背景图层。

◎ 【图层】/【拼合图像】命令：可以将【图层】面板中的所有图层拼合，拼合后的图层生成为背景图层。

8.1.11 栅格化图层

对于包含矢量数据和生成的数据图层，不能直接在这种类型的图层中进行编辑操作，只有将其栅格化后才能使用。

① 在【图层】面板中选择要栅格化的图层，然后执行【图层】/【栅格化】命令中的任一命令或在此图层上单击鼠标右键，在弹出的快捷菜单中选择相应的【栅格化】命令，即可将选择的图层栅格化，转换为普通图层。

② 执行【图层】/【栅格化】/【所有图层】命令，可将【图层】面板中所有包含矢量数据或生成数据的图层栅格化。

8.1.12　对齐与分布图层

对齐和分布命令在绘图过程中经常被用到。它可以将指定的内容在水平或垂直方向上按设置的方式对齐和分布。【图层】菜单栏中的【对齐】和【分布】命令与工具箱中移动工具属性栏中的【对齐】与【分布】按钮的作用相同。

图8-7　【对齐】子菜单

1. 对齐图层

当【图层】面板中至少有两个同时被选择的图层时，图层的【对齐】命令才可用。执行【图层】/【对齐】命令，将弹出图8-7所示的【对齐】子菜单。执行其中的相应命令，可以将选择的图像分别进行顶对齐、垂直居中对齐、底对齐、左对齐、水平居中对齐和右对齐。

2. 分布图层

执行【图层】/【分布】命令，将弹出图8-8所示的【分布】子菜单。执行相应命令，可以将选择的图像按顶边、垂直居中、按底边、按左边、水平居中或按右边进行分布。

8.1.13　智能对象图层

智能对象类似一种具有矢量性质的容器，可以在其中嵌入栅格或矢量图像数据。无论对智能对象进行怎样的编辑，其仍然可以保留原图像的所有数据，保护原图像不会受到破坏。

1. 新建智能对象图层

创建智能对象的方法有以下4种。

① 在【图层】面板中选择图层，执行【图层】/【智能对象】/【转换为智能对象】命令后，【图层】面板中智能对象图层的缩览图上会显示图标，如图8-9所示。如果同时选择了多个图层，如图8-10所示。执行【转换为智能对象】命令，这些图层即被打包到一个智能图层中，如图8-11所示。

图8-8　【分布】子菜单

图8-9　显示的智能对象图标　　　图8-10　选择图层　　　图8-11　创建的智能图层

② 执行【文件】/【置入】命令，可以将选择的图片文件作为智能对象置入当前文件中。

③ 从 Adobe Illustrator 中复制图片，并将其粘贴到 Photoshop 中。

④ 将图片从 Adobe Illustrator 中直接拖到 Photoshop 中。

2. 变换智能对象

对图像进行旋转或缩放等变形操作后，图像边缘将会产生锯齿。变换次数越多，产生的锯齿越明显，图像质量与原图像之间的颜色数据差别就越大。如果在图像进行变换操作之前先将图像转换为智能对象，就不必担心变换后的图像会丢失原有的数据了。下面用一个简单的范例来说明。

🔑 智能对象变换操作

步骤① 打开素材文件中"图库\第 08 章"目录下的"苹果.psd"文件，如图 8-12 所示。

步骤② 按 Ctrl+T 组合键为其添加自由变换框，然后，将属性栏中的缩放比例设置为"120%"，如图 8-13 所示。

步骤③ 按 Enter 键，确认图像放大的操作；按 Ctrl+T 组合键，再次添加自由变换框，可以在属性栏中看到图像的当前比例显示为"100%"。这说明将图像再次放大时，将以当前的大小为基准产生缩放效果，所以，操作的次数越多，图像最终的质量也就越差。

下面来看一下将其转换为智能对象后，属性栏中的参数是否会发生变化。

步骤④ 执行【文件】/【恢复】命令，将文件恢复到刚打开时的状态。

步骤⑤ 执行【图层】/【智能对象】/【转换为智能对象】命令，将其创建为智能对象图层。【图层】面板中智能对象图层的缩览图上会显示 🔲 图标。

步骤⑥ 按 Ctrl+T 组合键，添加自由变换框，然后，在属性栏中将缩放比例设置为"120%"，再按 Enter 键，确认放大操作。

步骤⑦ 按 Ctrl+T 组合键，再次添加自由变换框，观察属性栏，可以看到图像的当前比例依然显示为"120%"，如图 8-14 所示。这说明将图像再次放大时，图像还是以原始的大小为基准产生缩放效果，且属性栏中始终记录当前的缩放比例。只要将缩放比例设置为"100%"，就可将图像恢复到原始大小，且图像的质量不会发生任何变化。

图 8-12 打开的文件

图 8-13 调整图片大小

图 8-14 显示的比例

3. 自动更新智能对象

可以对智能对象应用变换、图层样式、滤镜、不透明度和混合模式等任一操作。在编辑了智能对象的源数据后，可以将这些编辑操作更新到智能对象图层中。如果当前智能对象是一个包含多个图层的复合智能对象，则这些编辑可以更新到智能对象的每一个图层中。

自动更新智能对象

步骤① 打开素材文件中"图库\第08章"目录下的"美食.psd"文件，如图8-15所示。

步骤② 将"图层1""图层2"和"图层3"同时选择，如图8-16所示。然后，执行【图层】/【智能对象】/【转换为智能对象】命令，将这3个图层创建为复合智能图层。

步骤③ 执行【图层】/【智能对象】/【编辑内容】命令，或者直接在【图层】面板中双击智能图层的缩览图，在弹出的对话框中单击 确定 按钮，弹出一个包含智能对象所有图层的新文件，如图8-17所示。

图8-15 打开的图片　　　　图8-16 选择图层　　　　图8-17 编辑智能图层

步骤④ 在新文件中，将人物所在的"图层2"删除，然后，将"图层3"中的图像放大并添加至图8-18所示的描边效果。

步骤⑤ 单击新文件窗口右上角的 X 按钮，关闭新文件，在弹出的询问面板中单击 是(Y) 按钮，编辑后的效果即可更新到"美食.psd"文件中，如图8-19所示。

图8-18 编辑智能图层后的效果　　　　图8-19 更新后的文件

4. 编辑智能滤镜

对普通图层中的图像执行【滤镜】命令后，此效果将直接应用在图像上，源图像将被破坏，而对智能对象应用【滤镜】命令后，将会产生智能滤镜。智能滤镜中保留了对图像执行的任何滤镜命令和参数设置，以方便随时修改执行的滤镜参数，且源图像仍保留原有的数据。

编辑智能滤镜

步骤① 打开素材文件中"图库\第08章"目录下的"苹果.psd"文件，执行【图层】/【智能对象】/【转换为智能对象】命令，将苹果图形转换为智能对象。

步骤② 执行【滤镜】/【模糊】/【高斯模糊】命令，在对话框中设置图 8-20 所示的参数。

步骤③ 单击 确定 按钮，产生的模糊效果及智能滤镜如图 8-21 所示。

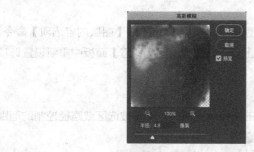

图 8-20 【高斯模糊】对话框　图 8-21 产生的模糊效果及智能滤镜

步骤④ 双击【图层】面板中的 ◉ 高斯模糊 位置，可重新设置高斯模糊的参数，且保留源图像的数据。

5. 导出智能对象内容

执行【图层】/【智能对象】/【导出内容】命令，可以将智能对象的内容完全按照源图片所具有的属性进行存储，其存储的格式有 "PSB" "PDF" 和 "JPG" 等。

6. 替换智能对象内容

执行【图层】/【智能对象】/【替换内容】命令，在弹出的【置入】对话框中，选择素材文件中"图库\第 08 章"目录下的"草莓.psd"文件，用"草莓"替换当前文件中的"苹果"，单击 置入(P) 按钮，即可将当前选择的智能对象替换成新的内容，如图 8-22 所示。

图 8-22 替换智能对象内容

8.1.14 填充层与调整层

新建的填充层可以填充纯色、渐变色和图案；新建的调整层，可以用不同的颜色调整方式来调整下方图层中图像的颜色。如果对填充的颜色或调整的颜色效果不满意，可随时重新调整或删除填充层和调整层，原图像并不会被破环，如图 8-23 所示。

图 8-23 使用填充层和调整层调整的图像效果

　　创建了填充层或调整层后，还可以方便地编辑这些图层，以及运用各种方式控制图层的应用范围。下面来介绍填充层和调整层的应用技巧。

　　1. 编辑填充层或调整层的内容

　　在【图层】面板中选择要进行编辑的填充层或调整层，再执行【图层】/【图层内容选项】命令，或者在【图层】面板中填充层或调整层的图层缩览图上双击，在弹出的【调整】面板中重新设置选项参数，即可对填充层或调整层进行编辑。

　　2. 利用选区或路径控制调整层的应用范围

　　如果当前画面中有选区或闭合的路径存在，创建的调整效果将只应用在被选区或路径控制的范围内，同时，在【图层】面板中调整层的右侧添加图层蒙版，如图 8-24 所示。

图 8-24　利用路径控制调整层的应用范围

　　3. 利用剪贴蒙版控制调整层的应用范围

　　在当前层的上方创建调整层后，执行【图层】/【创建剪贴蒙版】命令，即可将调整层的效果应用在创建了剪贴蒙版的图层中，如图 8-25 所示。

图 8-25 彩图

图 8-25　利用剪贴蒙版控制调整层的应用范围

　　4. 利用图层组控制调整层的应用范围

　　这样可以有目的地添加调整层效果。操作方法为：将需要应用调整层效果的图层创建在一个组内，在组内图层的上方添加调整层，即可将效果应用到组下面的图层中，如图 8-26 所示。

图 8-26　调整层只影响组内的图层

8.1.15 图层样式

【图层样式】命令用于制作各种特效。用户可以利用图层样式对图层中的图像快速添加效果，还可以通过【图层】面板快速地查看和修改各种预设的样式效果，为图像添加阴影、发光、浮雕、颜色叠加、图案和描边等。图 8-27 所示为利用该命令制作的各种星形效果。

图 8-27　制作的树效果

1. 预设样式

Photoshop CS6 中预先设置了一些样式。这些样式可被随时调用。执行
【窗口】/【样式】命令后，绘图窗口中将弹出预设样式面板，如图 8-28 所示。
单击【样式】面板右上角的 按钮，可以在弹出的菜单中加载其他样式。

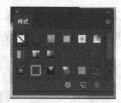

图 8-28　【样式】面板

2. 为图层添加图层样式

执行【图层】/【图层样式】下的任一子命令或单击【图层】面板下方的
fx. 按钮，再在弹出的菜单中选择任一命令或在【样式】面板中单击预设的样式，即可为当前层添加图层样式。该图层名称右侧会出现效果图标 *fx*，如图 8-29 所示。

图 8-29　为文字添加样式后的效果

3. 显示/隐藏图层样式

在【图层】面板中，反复单击图层名称下方"效果"左侧的 图标，可将当前层的图层效果隐藏或显示。反复单击下方各效果名称左侧的 图标，可将某一个效果隐藏或显示。执行【图层】/【图层样式】/【隐藏所有效果】命令，可将所有的图层效果隐藏，此时，【隐藏所有图层效果】命令将变为【显示所有效果】命令。

4. 在当前样式的基础上修改样式

在应用图层样式时，将【样式】面板中预设的样式添加到图形中。如果效果达不到设计的需要，可以在预设样式的基础上修改样式，如果感觉文字的颜色不好，可以通过双击效果层中的"颜色叠加"样式，再在打开的【图层样式】对话框中修改颜色和参数，即可得到调整后的效果，如图 8-30 所示。

5. 在当前样式的基础上增加样式

如果需要在当前样式的基础上再增加样式，可在【图层样式】面板中选择需要增加的样式，如图 8-31 所示。

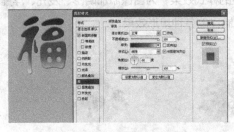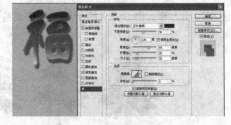

图 8-30　修改样式颜色　　　　　　　　图 8-31　增加的投影样式

如果需要同时增加多个样式，且在【样式】面板中保存，可以按住 Shift 键并单击样式或拖曳预设样式到【图层】面板已经添加了样式的图层上，即可将样式添加到现有的效果中，而不会替换原有的样式，如图 8-32 所示。

图 8-32　在当前样式的基础上增加样式

6. 展开或关闭效果列表

默认状态下，添加图层样式后，效果列表都处于展开状态，单击样式图标左侧的三角形按钮▲，可将效果列表关闭，再次单击可展开效果列表。

7. 复制图层样式

复制图层样式是对多个图层应用相同效果的快捷操作，具体方法有以下几种。

◎ 在【图层】中选择要复制图层样式的图层，执行【图层】/【图层样式】/【拷贝图层样式】命令，再执行【图层】/【图层样式】/【粘贴图层样式】命令。

◎ 在【图层】中要复制样式的图层上单击鼠标右键，在弹出的右键菜单中选择【拷贝图层样式】命令，然后，在要粘贴样式的图层上单击鼠标右键，并在弹出的右键菜单中选择【粘贴图层样式】命令。

◎ 按住 Alt 键并在【图层】中将要复制的图层样式拖曳到其他图层上，释放鼠标左键后，即可完成图层样式的复制。

8. 删除图层样式

删除图层样式操作可以在图层样式中删除单个效果，也可以在【图层】面板中删除整个效果层，以还原图像的原始效果。

◎ 执行【图层】/【图层样式】/【清除图层样式】命令。

◎ 在【图层】面板中的将要删除的样式层拖曳到 🗑 按钮上，即可删除效果层。

9. 将图层样式转换为图层

选择要进行转换的图层，然后执行【图层】/【图层样式】/【创建图层】命令，即可将图层样式分离出来，分别以普通图层的形式独立存在。

10. *缩放图层样式*

改变应用了图层样式的图像文件的大小后，其图层样式中设置的参数值不会因为图像大小的变化而改变。这样就会使制作好的图形样式失去理想的效果，而利用【缩放效果】命令就可以来对设置的参数值进行修改。选择要缩放的图层，执行【图层】/【图层样式】/【缩放效果】命令，在弹出的【缩放图层效果】对话框中设置缩放数值，即可将图层样式中包含的效果按照比例缩放。

8.1.16 制作按钮

下面运用【图层样式】命令来制作一个按钮效果。

⚷¬ 制作按钮

步骤① 新建一个【宽度】为"12 厘米"、【高度】为"6 厘米"、【分辨率】为"120 像素/英寸"、【颜色模式】为"RGB 颜色"的白色背景文件。

步骤② 将前景色设置为灰色（R:102，G:102，B:102），然后，将其填充至背景层中。

步骤③ 选择圆角矩形工具 ▣，激活属性栏中的 ▢ 按钮，将【半径】选项的参数设置为"50 像素"。

步骤④ 将前景色设置为黑色，然后，拖曳鼠标，在画面中绘制出图 8-33 所示的圆角矩形。

步骤⑤ 执行【图层】/【图层样式】/【投影】命令，弹出【图层样式】对话框，设置选项及参数，如图 8-34 所示。

图 8-33　绘制的圆角矩形图形　　　　图 8-34　设置的投影参数

步骤⑥ 在【图层样式】对话框中，再依次单击【内发光】、【斜面和浮雕】及【渐变叠加】选项，并分别设置各选项的参数，如图 8-35 所示。

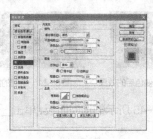

图 8-35　设置的选项及参数

步骤⑦ 单击 ▭ 确定 ▭ 按钮，添加图层样式后的图形效果如图 8-36 所示。

步骤⑧ 利用矩形选框工具 ▣ 在图形上绘制出图 8-37 所示的长条矩形选区。

图 8-36　添加图层样式后的效果　　　　图 8-37　绘制的选区

步骤⑨ 将前景色设置为粉色（R:255,G:205,B:205），然后，新建"图层 1"。

步骤⑩ 选择渐变工具 并激活属性栏中的 按钮，然后，在【渐变样式】面板中选择图 8-38 所示的"前景到透明"渐变样式。

步骤⑪ 将鼠标指针移动到选区的中心位置，按住鼠标左键并向右拖曳鼠标，至选区的右侧时，释放鼠标左键，为选区填充渐变色，去除选区后的效果如图 8-39 所示。

步骤⑫ 执行【图层】/【图层样式】/【内阴影】命令，弹出【图层样式】对话框，设置各选项参数，如图 8-40 所示。

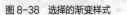

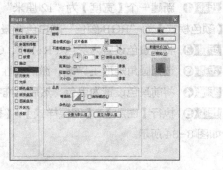

图 8-38　选择的渐变样式　　　图 8-39　填充渐变后的效果　　　　图 8-40　设置的选项参数

步骤⑬ 单击 确定 按钮，添加图层样式后的图形效果如图 8-41 所示。

步骤⑭ 再次选择圆角矩形工具 ，激活属性栏中的 按钮，然后，在画面中绘制出图 8-42 所示的路径，再按 Ctrl+Enter 组合键，将路径转换为选区。

步骤⑮ 将前景色设置为白色，然后，新建"图层 2"，利用渐变工具 为选区自上向下填充由前景到透明的线性渐变色，效果如图 8-43 所示。再按 Ctrl+D 组合键，去除选区。

步骤⑯ 将前景色设置为黑色，选择钢笔工具 ，激活属性栏中的 按钮，然后，在画面的左侧位置依次单击，绘制出图 8-44 所示的黑色图形。

图 8-41　添加图层样式后的效果　　图 8-42　绘制的路径　　　图 8-43　填充渐变色后的效果　　图 8-44　绘制的图形

步骤⑰ 执行【滤镜】/【模糊】/【高斯模糊】命令，系统将弹出图 8-45 所示的询问面板，单击 确定 按钮后，形状层将转换为普通图层。

图 8-45　询问面板

步骤 ⑱ 在再次弹出的【高斯模糊】对话框中，将【半径】的参数设置为"5 像素"，单击 确定 按钮。模糊后的图形效果如图 8-46 所示。

步骤 ⑲ 按住 Ctrl 键并单击"图层 1"层的图层缩览图，加载图 8-47 所示的选区，然后按 Shift+Ctrl+I 组合键，将选区反选。

步骤 ⑳ 按 Delete 键，将选区内的图像删除，然后，按 Ctrl+D 组合键，去除选区。

步骤 ㉑ 执行【图层】/【复制图层】命令，在弹出的【复制图层】面板中单击 确定 按钮，将"形状 1"层复制为"形状 1 副本"层，如图 8-48 所示。

步骤 ㉒ 执行【编辑】/【变换】/【水平翻转】命令，将复制出的图像在水平方向上翻转，然后，按住 Shift 键，将其水平向右移动到图形的右侧位置，如图 8-49 所示。

图 8-46 模糊后的图形效果

图 8-47 加载的选区

图 8-48 复制出的图层

图 8-49 复制图像移动后的位置

步骤 ㉓ 再次按住 Ctrl 键并单击"图层 1"层的图层缩览图，加载选区，然后，新建"图层 3"，再将前景色设置为白色。

步骤 ㉔ 执行【编辑】/【描边】命令，在弹出的【描边】对话框中设置选项及参数，如图 8-50 所示。单击 确定 按钮，描边后的效果如图 8-51 所示。

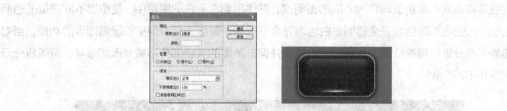

图 8-50 【描边】对话框

图 8-51 描边后的效果

步骤 ㉕ 单击【图层】面板下方的 按钮，为"图层 3"添加图层蒙版，然后，选择渐变工具，再激活属性栏中的 按钮。

步骤 ㉖ 将前景色设置为白色，背景色设置为黑色，然后，将渐变样式设置为"从前景到背景"，再将鼠标指针移动到描边图形上，自下向上拖曳鼠标，状态如图 8-52 所示。

步骤 ㉗ 释放鼠标左键后，即可编辑蒙版，生成的画面效果及图层蒙版缩览图如图 8-53 所示。

图 8-52 拖曳鼠标

图 8-53 生成的画面效果及图层蒙版缩览图

步骤 ㉘ 选择横排文字工具，输入图 8-54 所示的白色字母，然后，执行【图层】/【图层样式】/【渐变叠加】命令，在弹出的【图层样式】对话框中，依次设置渐变颜色及参数，如图 8-55 所示。

步骤㉙ 单击 确定 按钮，即可完成按钮的制作，效果如图 8-56 所示。

 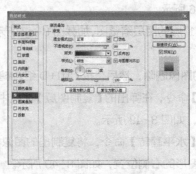 

图 8-54 输入的字母　　　　图 8-55 设置的渐变颜色及参数　　　　图 8-56 制作的按钮效果

步骤㉚ 按 Ctrl+S 组合键，将此文件命名为"制作按钮.psd"并保存。

8.2　蒙版

本节来讲解蒙版的相关知识，包括蒙版的概念、蒙版类型、蒙版与选区的关系和蒙版的编辑等。

8.2.1　蒙版的概念

蒙版是将不同灰度色值转化为不同的透明度，并作用到它所在的图层中，使图层不同部位的透明度产生相应的变化。黑色为完全透明，白色为完全不透明。蒙版还具有保护和隐藏图像的功能，当对图像的某一部分进行特殊处理时，蒙版可以隔离并保护图像的其余部分不被修改和破坏。蒙版概念示意图如图 8-57 所示。

图 8-57 蒙版概念示意图

8.2.2　蒙版类型

蒙版分为图层蒙版、矢量蒙版、剪贴蒙版和快速编辑蒙版 4 种类型。

1. 图层蒙版

图层蒙版是位图图像，与分辨率有关。它是由绘图或选框工具创建的，用来显示或隐藏图层中某一部分的图像。图层蒙版也可以保护图层透明区域不被编辑。它是图像特效处理及编辑过程中使用频率最高的蒙版。用户还可以利用图层蒙版生成梦幻般的羽化图像的合成效果，且图层中的图像不会被破坏，仍保留原有的效果，如图 8-58 所示。

2. 矢量蒙版

矢量蒙版与分辨率无关，是由钢笔路径或形状工具绘制

图 8-58　图层蒙版

闭合的路径形状后创建的，路径内的区域可显示出图层中的内容，路径之外的区域是被屏蔽的区域，如图 8-59 所示。

当路径的形状被修改后，蒙版被屏蔽的区域也会随之发生变化，如图 8-60 所示。

图 8-59　矢量蒙版　　　　　图 8-60　编辑后的矢量蒙版

3. 剪贴蒙版

剪贴蒙版是由基底图层和内容图层创建的，可用剪贴蒙版中最下方的图层（基底图层）形状来覆盖上面的图层（内容图层）内容。例如，一个图像的剪贴蒙版中的下方图层为某个形状，上面的图层为图像或文字，如果给上面的图层都创建剪贴蒙版，上面图层的图像就只能通过下面图层的形状来显示其内容，如图 8-61 所示。

4. 快速编辑蒙版

快速编辑蒙版是用来创建、编辑和修改选区的。单击工具箱中的 回 按钮就可创建快速蒙版。此时，【通道】

图 8-61　剪贴蒙版

面板中会增加一个临时的快速蒙版通道。在快速蒙版状态下，被选择的区域显示原图像，而被屏蔽的没被选择的区域显示默认的半透明红色，如图 8-62 所示。操作结束后，单击 ◼ 按钮，即可恢复到系统默认的编辑模式。【通道】面板中不会保存该蒙版，而是直接生成选区，如图 8-63 所示。

图 8-62 彩图

图 8-62　在快速蒙版状态下涂抹没涂抹没选择的图像

图 8-63　快速蒙版创建的选区

8.2.3　创建和编辑蒙版

本节来讲解有关创建和编辑各类蒙版的操作。

1. 创建和编辑图层蒙版

选择要添加图层蒙版的图层或图层组，执行下列任一操作即可创建蒙版。

① 执行【图层】/【图层蒙版】/【显示全部】命令，即可创建出显示整个图层的蒙版。如图像中有选区，执行【图层】/【图层蒙版】/【显示选区】命令后，即可根据选区创建显示选区内图像的蒙版。

② 执行【图层】/【图层蒙版】/【隐藏全部】命令，即可创建出隐藏整个图层的蒙版。如图像中有选区，执行【图层】/【图层蒙版】/【隐藏选区】命令后，即可根据选区创建隐藏选区内图像的蒙版。

单击【图层】面板中的蒙版缩览图，使之处于工作状态，然后，在工具箱中选择任一绘图工具，执行下列操作之一即可编辑蒙版。

① 在蒙版图像中绘制黑色，可增加蒙版被屏蔽的区域，并显示更多的图像。

② 在蒙版图像中绘制白色，可减少蒙版被屏蔽的区域，并显示更少的图像。

③ 在蒙版图像中绘制灰色，可创建半透明效果的屏蔽区域。

2. 创建和编辑矢量蒙版

执行下列任一操作即可创建矢量蒙版。

① 执行【图层】/【矢量蒙版】/【显示全部】命令，可创建显示整个图层的矢量蒙版。

② 执行【图层】/【矢量蒙版】/【隐藏全部】命令，可创建隐藏整个图层的矢量蒙版。

③ 当图像中有路径存在且处于显示状态时，执行【图层】/【矢量蒙版】/【当前路径】命令，

可创建显示形状内容的矢量蒙版。

单击【图层】或【路径】面板中的矢量蒙版缩览图，将其设置为当前状态，然后，利用钢笔工具或路径编辑工具更改路径的形状，即可编辑矢量蒙版。

3. 停用和启用蒙版

添加蒙版后，执行【图层】/【图层蒙版】/【停用】或【图层】/【矢量蒙版】/【停用】命令，可将蒙版停用。按住 Shift 键并反复单击【图层】面板中的蒙版缩览图，可在停用和启用蒙版之间切换。

4. 应用或删除图层蒙版

创建图层蒙版后，既可以应用蒙版使效果永久化，又可以删除蒙版而不应用效果。

① 应用图层蒙版。

执行【图层】/【图层蒙版】/【应用】命令或单击【图层】面板下方的 🗑 按钮，在弹出的询问面板中单击 应用 按钮，即可在当前层中应用编辑后的蒙版。

② 删除图层蒙版。

执行【图层】/【图层蒙版】/【删除】命令或单击【图层】面板下方的 🗑 按钮，在弹出的询问面板中单击 删除 按钮，即可在当前层中删除编辑后的蒙版。

5. 取消图层与蒙版的链接

默认情况下，图层和蒙版处于链接状态；使用移动工具 ➤ 移动图层或蒙版时，该图层及其蒙版会一起被移动；取消它们的链接后，就可以单独移动了。

① 执行【图层】/【图层蒙版】/【取消链接】或【图层】/【矢量蒙版】/【取消链接】命令，即可将图层与蒙版之间的链接取消。

② 单击【图层】面板中的图层缩览图与蒙版缩览图之间的【链接】图标 后，链接图标将消失，表明图层与蒙版之间已取消链接；再次单击后，链接图标将出现，表明图层与蒙版之间又重建链接。

6. 创建剪贴蒙版

选择【图层】面板中最下方图层上面的一个图层，然后鼠标右键单击【图层】，在弹出的快捷菜单中选择【创建剪贴蒙版】命令，即可为该图层与其下方的图层创建剪贴蒙版。注意，背景图层无法创建剪贴蒙版。

7. 释放剪贴蒙版

在【图层】面板中，选择剪贴蒙版中的任一图层，然后，鼠标右键单击【图层】，在弹出的快捷菜单中选择【释放剪贴蒙版】命令，即可释放剪贴蒙版，还原图层相互独立的状态。

8.2.4 湖面倒影——蒙版操作

下面运用图层的蒙版功能来制作湖面倒影特效。

🔑 制作湖面倒影

步骤① 打开素材文件中"图库\第 08 章"目录下的"背景.jpg"和"鹤.jpg"文件，如图 8-64 所示。
步骤② 将"鹤"图像移动复制到"背景"文件中，再将其调整至图 8-65 所示的大小及位置。
步骤③ 使用钢笔工具 ✐ 和转换点工具 ﹀，根据"鹤"图像绘制并调整出图 8-66 所示的路径，然后，按 Ctrl+Enter 组合键，将路径转换为选区。

图 8-64　打开的图片　　　　　　图 8-65　调整后的"鹤"图像的大小及位置　图 8-66　绘制的路径

步骤④ 单击【图层】面板下方的  按钮，为"鹤"图像添加图层蒙版，隐藏选区以外的图像，效果及【图层】面板如图 8-67 所示。

步骤⑤ 选择画笔工具 ，设置一个虚化的笔头，然后，将前景色设置为黑色，再将鼠标指针移动到画面中的鹤脚的部位，按住鼠标左键并拖曳鼠标，将这些区域不同程度地隐藏，效果如图 8-68 所示。

步骤⑥ 为了让鹤脚位置与原图像融合得更好，需要添加鹤脚插入湖水的效果，细化处理一下，使其更加真实。选择多边形套索工具 ，绘制出图 8-69 所示的选区。

图 8-67　添加图层蒙版后的效果及【图层】面板　　图 8-68　编辑蒙版后的效果　　　图 8-69　绘制的选区

步骤⑦ 执行【滤镜】/【模糊】/【高斯模糊】命令，在弹出的【高斯模糊】对话框中将【半径】的参数设置为"5 像素"。

步骤⑧ 单击 ▁确定▁ 按钮，执行【高斯模糊】命令后的画面效果如图 8-70 所示。

步骤⑨ 选择"鹤"图层，按 Ctrl+J 组合键复制图层，如图 8-71 所示。

步骤⑩ 按 Ctrl+T 组合键选择复制图层，单击鼠标右键，在弹出的快捷菜单选择【垂直旋转】命令，移动图层，调整倒影位置，如图 8-72 所示。

图 8-70　【高斯模糊】后的效果　　　　图 8-71　复制图层　　　　图 8-72　倒影图层位置调整

步骤⑪ 对复制图层执行【图层】/【图层样式】/【混合选项】命令，在弹出的【图层样式】对话框中设置参数，如图 8-73 所示。

步骤⑫ 单击 ▢▢确定▢▢ 按钮，添加图层样式后的水波效果，并设置图层的【混合模式】为"正片叠底"，效果如图 8-74 所示。至此，湖面倒影效果已制作完成，整体效果如图 8-75 所示。

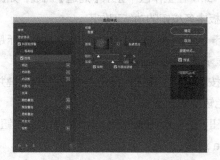

图 8-73　【图层样式】对话框

图 8-74　"正片叠底"模式效果

图 8-75　制作完成的湖面倒影效果

步骤⑬ 按 Shift+Ctrl+S 组合键，将文件另存为"湖面倒影.psd"。

8.3　通道

通道是保存不同颜色信息的灰度图像，可以存储图像中的颜色数据、蒙版或选区。每一幅图像都有一个或多个通道，可以通过编辑通道中存储的各种信息对图像进行编辑。

8.3.1　通道的类型

通道分为复合通道、单色通道、专色通道和 Alpha 通道。

◎ 复合通道：不同模式的图像的通道数量也不一样。默认情况下，位图、灰度和索引颜色模式的图像只有 1 个通道，RGB 和 Lab 颜色模式的图像有 3 个通道，CMYK 颜色模式的图像有 4 个通道。【通道】面板的最上面一个通道（复合通道）代表每个通道叠加后的图像颜色，下面的通道是拆分后的单色通道。

◎ 单色通道：在【通道】面板中，单色通道都显示为灰色。它通过 0~256 级亮度的灰度表示颜色。在通道中控制图像的颜色效果是很难的，所以，一般不采取直接修改颜色通道的方法改变图像的颜色。

◎ 专色通道：在处理颜色种类较多的图像时，为了让印刷作品与众不同，往往要做一些特殊通道的处理。除了系统默认的颜色通道外，还可以创建专色通道，如增加印刷品的荧光油墨或夜光油墨，以及套版印制无色系（如烫金、烫银）等。这些特殊颜色的油墨被称为"专色"。这些专色都无法用三原色油墨混合出来，需要用专色通道与专色印刷。

◎ Alpha 通道：单击【通道】面板底部的 ▢ 按钮，可创建一个 Alpha 通道。Alpha 通道是为保存选区而专门设计的，主要用于保存图像中的选区和蒙版。在生成一个图像文件时，并不一定产生 Alpha 通道。通常，Alpha 通道是在图像处理过程中为了制作特殊的选区或蒙版而人为生成的，并从中提取选区信息。因此，在输出制版时，Alpha 通道会因为与最终生成的图像无关而被删除。但有时也要保留 Alpha 通道，比如，三维软件最终渲染输出作品时，应附带生成一张 Alpha 通道，用于在平面处理软件中做后期合成。

8.3.2　通道的面板

图 8-76　【通道】面板

执行【窗口】/【通道】命令，即可在工作区中显示【通道】面板，如图 8-76 所示。下面介绍【通道】面板中各按钮的功能和作用。

◎ 【指示通道可见性】图标：此图标与【图层】面板中的图标是相同的，多次单击可以使通道在显示或隐藏之间切换。

◎ 【将通道作为选区载入】按钮 ○：单击此按钮，或按住 Ctrl 键并单击某通道，可以将该通道中颜色较淡的区域载入为选区。

◎ 【将选区存储为通道】按钮 ◎：当图像中有选区时，单击此按钮，可以将图像中的选区存储为 Alpha 通道。

8.3.3　通道的用途

通道的用途非常广泛。下面介绍通道在图像处理中的各种用途。

1. 在选区中的应用

通道不仅可以存储选区和创建选区，还可以对已有的选区进行各种编辑操作，从而得到符合图像处理和效果制作的精确选区。

2. 在图像色彩调整中的应用

利用【图像】/【调整】菜单下的命令可以对图像的单个颜色通道进行调整，从而改变图像颜色，得到个性化的颜色效果。

3. 在滤镜中的应用

可以应用通道中的各种滤镜，改变图像的质量并制作出多种特效。

4. 在印刷中的应用

可以通过添加专色通道，得到印刷的专色印版，以及印刷品中的特殊颜色。

8.3.4　创建新通道

新建通道主要有两种，分别为 Alpha 通道和专色通道。

1. 创建 Alpha 通道

单击【通道】面板底部的 按钮或按住 Alt 键并单击该按钮。在弹出的【新建通道】对话框中设置相应的参数及选项后，单击 确定 按钮，即可创建新的 Alpha 通道。单击【通道】面板右上角的 按钮，在弹出的通道菜单中执行【新建通道】命令，同样可以弹出【新建通道】对话框以新建通道。如果在图像中创建了选区，单击【通道】面板底部的 按钮后，可将选区保存为 Alpha 通道。

2. 创建专色通道

在【通道】菜单中执行【新建专色通道】命令，或者按住 Ctrl 键并单击【通道】面板底部的 按钮，在弹出的【新建专色通道】对话框中设置相应的参数及选项后，单击 确定 按钮，便可在【通道】面板中创建新的专色通道。

8.3.5　复制和删除通道

1．复制通道

① 在【通道】面板中，将需要复制的通道拖曳到面板底部的 ▣ 按钮上即可。

② 选择需要复制的通道，在【通道】菜单中执行【复制通道】命令即可。

③ 在需要复制的通道上单击鼠标右键，在弹出的右键菜单中执行【复制通道】命令即可。

2．删除通道

① 在【通道】面板中，将需要删除的通道拖动到面板底部的 🗑 按钮上即可。

② 选择需要删除的通道，在【通道】菜单中执行【删除通道】命令即可。

③ 在通道上单击鼠标右键，在弹出的右键菜单中执行【删除通道】命令即可。

8.3.6　将颜色通道设置为以原色显示

默认状态下，单色通道以灰色图像显示，但可以将其设置为以原色显示。执行【编辑】/【首选项】/【界面】命令，在弹出的【首选项】对话框中勾选【用彩色显示通道】复选项，单击 ▭ 确定 ▭ 按钮，【通道】面板中的单色通道即以原色显示，如图 8-77 所示。

图 8-77　显示原色通道

8.3.7　分离与合并通道

在图像处理过程中，有时需要将通道分离为多个单独的灰度图像，对其进行编辑处理，然后进行合并，从而制作出各种特殊的图像效果。

对于只有背景层的图像文件，在【通道】面板菜单中执行【分离通道】命令后，可以将图像中的颜色通道、Alpha 通道和专色通道分离为多个单独的灰度图像。此时，原图像将被关闭，生成的灰度图像以原文件名和通道缩写形式重新被命名。分离出的图像被分别置于不同的图像窗口中，相互独立，如图 8-78 所示。

图 8-78 彩图

图 8-78　分离出的图像

　　分离图像后，即可对各灰色图像进行颜色调整，并可以将调整颜色后的图像重新合并为一幅彩色图像。图 8-79 所示为将"B"通道的灰色图像提高明度后，又重新以 RGB 颜色模式合并通道后的效果。

图 8-79　调整通道图像后重新合并的效果

8.3.8　制作墙壁剥落的旧画效果——通道操作

　　本节将介绍利用图片素材合成制作墙壁上剥落的旧画效果。制作方法比较简单，主要是利用图层的混合模式及通道功能。

🔑　制作墙壁上剥落的旧画效果

步骤❶　打开素材文件中"图库\第 08 章"目录下的"墙皮.jpg"和"人物 01.jpg"文件，如图 8-80 所示。

图 8-80　打开的图片

步骤❷　利用移动工具 ▶₊ 将"人物"图像移动复制到"墙皮.jpg"文件中，生成"图层 1"，然后，将其调整至与画面相同的大小。

步骤❸　双击"图层 1"的图层缩览图，弹出【图层样式】对话框，按住 Alt 键并拖曳"下一图层"右下方的三角形按钮，使人物与"背景"层中的墙皮合成，如图 8-81 所示。

步骤❹　单击 ▢ 确定 ▢ 按钮，然后，设置"图层 1"的图层【混合模式】为"正片叠底"，效果如图 8-82 所示。

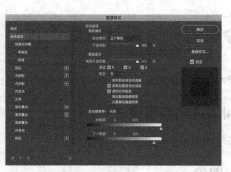

图 8-81　【图层样式】对话框

步骤⑤ 单击"图层 1"前面的 图标，将该图层暂时隐藏。

步骤⑥ 打开【通道】面板，复制"绿"通道，生成"绿 副本"通道。

步骤⑦ 选择磁性套索工具 ，激活属性栏中的 按钮，在"绿 副本"通道中绘制出图 8-83 所示的选区。

步骤⑧ 在选区内填充黑色，然后，按住 Ctrl 键的同时单击"绿 副本"通道的缩览图，载入选区，如图 8-84 所示。

图 8-82　合成的效果　　　　图 8-83　绘制选区　　　　图 8-84　载入选区

步骤⑨ 单击"RGB"复合通道，打开【图层】面板，将"图层 1"显示，然后，单击底部的 按钮，添加图层蒙版，画面效果如图 8-85 所示。

步骤⑩ 复制"图层 1"，生成"图层 1 副本"层，设置图层【混合模式】为"点光"，设置【不透明度】参数为"40%"。制作完成的墙壁上剥落的旧画效果如图 8-86 所示。

图 8-85　添加蒙版后的效果　　　图 8-86　合成后的效果

步骤⑪ 按 Shift+Ctrl+S 组合键，将此文件另存为"旧画效果.psd"。

8.4   综合案例——设计电影海报

下面综合运用本章学习的图层、蒙版及通道的知识来设计电影海报。

8.4.1   利用通道选取图像

首先，灵活运用通道将灰色背景中的人物选取。

微课 10
设计电影海报

选取图像

步骤① 打开素材文件中"图库\第 08 章"目录下的"人物 02.jpg"文件，如图 8-87 所示。

步骤② 打开【通道】面板，复制"红"通道，得到"红 副本"通道，如图 8-88 所示。

步骤③ 执行【图像】/【调整】/【色阶】命令，在弹出的【色阶】对话框中设置选项及参数，如图 8-89 所示。

> **提示**
>
> 此处利用【色阶】命令调整图像，目的是要将图像头部周围的背景颜色调整为白色，头发颜色变为黑色。这样有利于头部的选取。读者也可以使用如【亮度/对比度】等其他的调整命令进行调整。

图 8-87 打开的图像

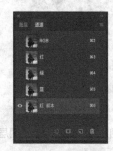

图 8-88 复制出的通道

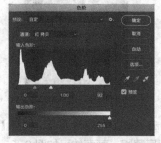

图 8-89 【色阶】对话框

步骤④ 单击 确定 按钮。调整后的图像效果如图 8-90 所示。

步骤⑤ 单击"RGB"颜色通道，还原图像的显示，然后，选择魔棒工具 并在灰色背景中单击，选取灰色背景，如图 8-91 所示。

步骤⑥ 单击"红 副本"通道，然后，为选区填充白色，效果如图 8-92 所示。

图 8-90 调整对比度后的效果

图 8-91 创建的选区

图 8-92 填充白色后的效果

步骤⑦ 按 Shift+Ctrl+I 组合键，将选区反选，然后，选择画笔工具 ✍，再设置一个合适的画笔笔头，在选区内绘制黑色，状态如图 8-93 所示。

步骤⑧ 利用缩放工具 ◎ 将头部区域放大显示，然后，选择画笔工具 ✍ 并在人物面部拖曳鼠标指针，注意尽量不要对头部的边缘进行涂抹。这样选取出来的头部才不会带有底色。

步骤⑨ 按 Ctrl+D 组合键，去除选区。涂抹后的画面效果如图 8-94 所示。

步骤⑩ 按住 Ctrl 键并单击"红 副本"通道，创建选区，然后，按 Shift+Ctrl+I 组合键，将选区反选，即选取黑色图像。

步骤⑪ 单击"RGB"颜色通道，还原图像的显示，然后，转换到【图层】面板，执行【图层】/【新建】/【通过拷贝的图层】命令，将选区内的图像通过复制生成"图层 1"。

步骤⑫ 新建"图层 2"，为其填充白色，然后，将其调整至"图层 1"的下方，画面效果及【图层】面板如图 8-95 所示。

图 8-93　涂抹黑色时的状态　　　图 8-94　涂抹后的效果　　　图 8-95　选取出的图像

步骤⑬ 按 Shift+Ctrl+S 组合键，将此文件另存为"选取图像.psd"。

8.4.2　设计电影海报

下面综合运用图层及图层蒙版来设计电影海报。

🔑　设计电影海报

步骤① 新建一个【宽度】为"21 厘米"、【高度】为"30 厘米"、【分辨率】为"120 像素/英寸"、【颜色模式】为"RGB 颜色"，背景填充黑色的文件。

步骤② 打开素材文件中"图库\第 08 章"目录下的"城市.jpg"文件，然后，将其移动复制到新建的文件中，并调整至图 8-96 所示的大小及位置。

步骤③ 单击 ▣ 按钮，为"图层 1"添加图层蒙版，然后，选择画笔工具 ✍ 并设置一个虚化的笔头。

步骤④ 将前景色设置为黑色，然后，在城市图像的上方和下方的中间位置拖曳鼠标指针，编辑蒙版，制作出图 8-97 所示的效果。在通过拖曳鼠标来编辑蒙版的过程中，可随时调整画笔工具 ✍ 属性栏中的【不透明度】参数，以取得较为理想的效果。

步骤⑤ 单击【图层】面板下方的 ◑ 按钮，在弹出的命令菜单中选择【渐变映射】命令，然后，在弹出的【调整】面板中单击渐变颜色条，再在弹出的【渐变编辑器】对话框中设置渐变颜色，如图 8-98 所示。

图 8-96　调整后的图像大小及位置　　　　　图 8-97　编辑蒙版后的效果

步骤⑥ 单击 确定 按钮。渐变映射后的效果如图 8-99 所示。

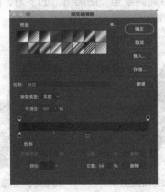

图 8-98　设置的渐变颜色　　　　　　　　　图 8-99　渐变映射后的效果

步骤⑦ 再次单击 按钮，在弹出的命令菜单中选择【色阶】命令。然后，在弹出的【属性】面板中设置参数，如图 8-100 所示。调整色阶后的图像效果如图 8-101 所示。

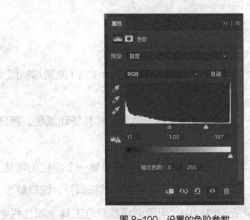

图 8-100　设置的色阶参数　　　　　　　　图 8-101　调整色阶后的效果

步骤⑧ 打开素材文件中"图库\第 08 章"目录下的"乌云 01.jpg"文件，然后，将其移动复制到新建的文件中，并调整至图 8-102 所示的大小及位置，再按 Enter 键确认。

步骤⑨ 单击 按钮，为"图层 2"添加图层蒙版，然后，使用画笔工具 对蒙版进行编辑，效果及【图层】面板如图 8-103 所示。

图 8-102　图像调整后的大小及位置　　　　图 8-103　编辑蒙版后的效果及【图层】面板

步骤⑩ 打开素材文件中"图库\第 08 章"目录下的"乌云 02.jpg"文件，然后，将其移动复制到新建的文件中，调整大小后利用画笔工具 ✐ 对其进行编辑，效果及【图层】面板如图 8-104 所示。

步骤⑪ 将"图层 3"的图层【混合模式】设置为"滤色"，效果如图 8-105 所示。

步骤⑫ 用与步骤 10 相同的方法，依次将素材文件中"图库\第 08 章"目录下的"漩涡.jpg"文件打开，然后，将其移动复制到新建的文件中，再为其添加蒙版，效果及【图层】面板如图 8-106 所示。

步骤⑬ 将【图层】面板中的"图层 5"调整至"图层 2"的下方，然后，将 8.4.1 小节选取的人物移动复制到新建的文件中，生成"图层 6"。

图 8-104　调整后的图像效果及【图层】面板　　图 8-105　更改混合模式后的效果　　图 8-106　图像效果及【图层】面板

步骤⑭ 将"图层 6"调整至所有图层的上方，然后，调整人物图像的大小并将其放置到图 8-107 所示的位置。

下面利用调整层将整个画面的色调统一。

步骤⑮ 单击【图层】面板下方的 ◯ 按钮，在弹出的命令菜单中选择【色阶】命令，然后，在弹出的【属性】面板中设置参数，如图 8-108 所示。

步骤⑯ 再次单击 ◯ 按钮，在弹出的命令菜单中选择【亮度/对比度】命令，然后，在弹出的【调整】面板中，将【对比度】的参数设置为"100"。调整后的图像效果如图 8-109 所示。

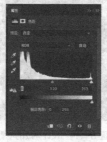

图 8-107　调整后的人物图像放置的位置　　　图 8-108　设置的参数　　　图 8-109　调整后的效果

步骤⑰ 选择横排文字工具 **T**，在画面的上方输入图 8-110 所示的文字。

步骤⑱ 单击【图层】面板下方的 **fx.** 按钮，在弹出的菜单命令中选择【投影】命令，再在弹出的【图层样式】对话框中依次设置各选项及参数，如图 8-111 所示。

 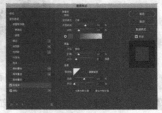

图 8-110 输入的文字　　　　　　　　　图 8-111 设置的图层样式参数

步骤⑲ 单击 确定 按钮，添加图层样式后的文字效果如图 8-112 所示。

步骤⑳ 继续使用横排文字工具 **T**，在文字的下方输入字母及数字，然后，为其添加"斜面和浮雕"样式，效果如图 8-113 所示。

图 8-112 添加图层样式后的效果　　　　　图 8-113 输入的字母及数字

步骤㉑ 电影海报设计完成，整体效果如图 8-114 所示。

按 Ctrl+S 组合键，将此文件命名为"电影海报设计.psd"并保存。

图 8-114 设计完成的电影海报

小结

  本章详细讲解了图层、蒙版和通道的概念，以及基本操作方法和使用技巧，尤其是对图层和蒙版的概念进行了深入的讲解并用插图说明了各自的特性和作用。掌握这 3 个命令是成为 Photoshop 图像处理高手的先决条件。希望读者能够在深入理解的基础上，完全掌握这些内容，以便灵活地运用图层、蒙版和通道，为图像处理及合成工作带来方便。

习题

  1. 打开素材文件中"图库\第 08 章"目录下的"大海.jpg"文件，然后，利用蒙版及调整层命令给大海更换颜色，如图 8-115 所示。

图 8-115 彩图

图 8-115 给"大海"换颜色

  2. 打开材文件中"图库\第 08 章"目录下的"小狗.jpg"和"公园草地背景.jpg"文件。利用通道和路径来选择灰色背景中的小狗，然后，替换新背景，如图 8-116 所示。

图 8-116 选择小狗并合成图像

09

第 9 章
色彩校正

　　平面设计人员在处理图像时，遇到的一个最大的问题就是如何使扫描的图像或数码设备输入的图像的色彩与计算机屏幕上显示的图像色彩、打印输出来的图像色彩一致。Photoshop CS6 中提供了很多类型的图像色彩校正命令。这些命令可以将彩色图像调整成黑白或单色效果，也可以给黑白图像上色。无论图像曝光过度或曝光不足，都可以利用不同的校正命令进行弥补，从而达到令人满意的、可用于打印输出的图像文件。

9.1 色彩管理设置

Photoshop 预定的色彩管理设置，也可以在这些预定设置的基础上更改为自定的色彩管理设置。在缺乏色彩管理经验的情况下，应尽量使用预定的色彩管理设置选项。

在 Photoshop 中执行【编辑】/【颜色设置】命令后，将打开图 9-1 所示的【颜色设置】对话框。

1.【设置】下拉列表

在【设置】下拉列表中列出了 Photoshop 提供的预定义色彩管理设置，每一种设置中都包括一套【工作空间】和【色彩管理方案】。如果图像用于 Web 设计，应该选择【日本 Web/Internet】选项；如果图像用于出版印刷，应选择【北美印前 2】选项；如果图像用于视频输出或屏幕展示，应将【色彩管理方案】下面的 3 个选项都设置为"关"。

2.【工作空间】框

图 9-1 【颜色设置】对话框

【工作空间】设置的是与 RGB、CMYK、灰度颜色模式相关的颜色配置文件。颜色配置文件系统地描述了颜色如何映射到某个设备上，如扫描仪、打印机或显示器的色彩空间。用颜色配置文件标记文档，可在文档中显示对实际颜色外观的定义。也可以通过执行【编辑】/【指定配置文件】命令为图像设置一个配置文件，如图 9-2 所示。

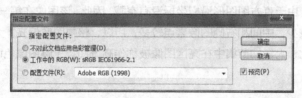

图 9-2 【指定配置文件】对话框

3.【色彩管理方案】框

打开未使用颜色配置文件标记的图像文件时，或者其颜色配置文件与当前的系统设置不同时，可以选用不同的方式进行处理。

9.2 检查图像色彩质量

对于使用扫描仪或其他数码设备输入计算机中的图像，在处理或打印输出之前，先检查一下图像的色彩质量是非常有必要的。这样可以有的放矢地校正图像颜色，确保图像以高质量的色彩打印输出。

9.2.1 直方图

直方图是用于评估、分析图像信息的工具。它实际上是图像中的像素按亮度变化的分布图，直方图中的横坐标代表亮度，亮度值取值范围为 0 ~ 255，纵坐标代表像素数。

图9-3 无打开图像时的
【直方图】面板

执行【窗口】/【直方图】命令，即可打开【直方图】面板。当绘图窗口中没有图像文件时，【直方图】面板的显示如图 9-3 所示。

打开素材文件中"图库\第 09 章"目录下的"雪景.jpg"文件，如图 9-4 所示。此时的【直方图】面板将显示该图像的颜色信息。单击面板右上角的 按钮，在弹出的面板菜单中选择图 9-5 所示的【扩展视图】和【显示统计数据】命令，再将【通道】选项设置为"RGB"。此时的【直方图】面板如图 9-6 所示。

图9-4 打开的图像

图9-5 选择的选项

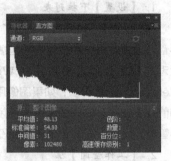

图9-6 【直方图】面板

在【通道】选项中，可以设置按照不同的类型来显示直方图。在直方图的下方是一些关于图像的统计数据。

直方图的左侧代表图像中较暗的像素，右侧代表图像中较亮的像素，中间代表图像中的灰度像素。从图 9-6 中可以看到，由于直方图图形沿横坐标没有空隙，因此，该图像在每一亮度中都分布着像素；直方图左侧的像素点较少，中间和右侧的像素点较多，所以，整幅图像偏亮。大量细节集中在暗区的图像称为低调图；反之，大量细节集中在亮区图像被称作高调图。了解图像色调的分布，将有助于对图像色调校正的操作。

9.2.2　查看图像的色彩质量

一般情况下，输入到计算机中的图像，可以从直方图中分析出图像的色彩质量。图 9-7 所示为正常的直方图，虽然它们形状不同、分布不同，但它们几乎是在全部的亮度范围内分布了像素。

图9-7 正常的直方图

图 9-8 所示为不正常的直方图，其右侧亮区像素点过多，而左侧暗区像素点较少。这反映出图像整体偏亮，在校正时，应重点增加暗区。

图 9-9 所示为缺少蓝色的直方图，在查看"蓝"通道时，其左侧像素点过多，而右侧像素点较少。这反映出图像整体偏红，在校正时，应重点增加蓝通道的亮区。

图9-8　不正常的直方图

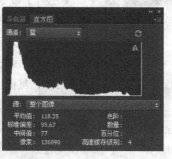

图9-9　显示缺少蓝色的直方图

9.3 图像校正命令

　　CMYK 和 RGB 两种颜色模式的图像，都可以利用校正命令进行颜色校正，但是，应尽量避免颜色模式的多次转换，因为每次转换之后，颜色值都会因取舍而丢失。如果图像只用于在屏幕上浏览，就不要将其转换成 CMYK 颜色模式；同样，如果图像最终要分色并印刷，就不要在 RGB 颜色模式下进行颜色校正。如果必须将图像从一种颜色模式转换成另一种颜色模式，就应在 RGB 颜色模式中进行最大的色调和颜色的校正，最后，使用 CMYK 颜色模式进行微调。

　　Photoshop CS6 的【图像】/【调整】菜单中包含 23 种调整图像颜色的命令，如图9-10所示。本节将分别介绍这些命令的功能及选项设置。

图9-10　色彩校正命令

9.3.1 【亮度/对比度】命令

　　【亮度/对比度】命令可对图像的整体亮度和对比度进行简单调整。执行【图像】/【调整】/【亮度/对比度】命令后，弹出的【亮度/对比度】对话框如图9-11所示。

　　原图像与调整【亮度/对比度】后的效果如图9-12所示。

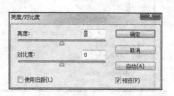

图9-11　【亮度/对比度】对话框

图9-12　原图像与调整【亮度/对比度】后的效果

9.3.2　【色阶】命令

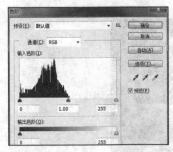

图9-13　【色阶】对话框

【色阶】命令是处理图像时常用的调整颜色亮度的命令。它可通过调整图像中的暗调、中间调和高光区域的色阶分布来增强图像的色阶对比。执行【图像】/【调整】/【色阶】命令（快捷键为Ctrl+L组合键）后，弹出的【色阶】对话框如图9-13所示。对话框中间为直方图，其横坐标为亮度值（0～255），纵坐标为像素数。

对于高亮度的图像，可用鼠标将左侧的黑色滑块向右拖曳，以增大图像中暗调区域的范围，使图像变暗。对于光线较暗的图像，可用鼠标将右侧的白色滑块向左拖曳，以增大图像中高光区域的范围，使图像变亮，如图9-14所示。用鼠标将中间的灰色滑块向右拖曳，可以减少图像中的中间色调的范围，从而增大图像的对比度；同理，若用鼠标向左拖曳滑块，则可增加中间色调的范围，从而减小图像的对比度。

图9-14　增强图像亮度

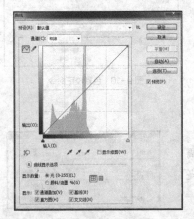

图9-15　【曲线】对话框

9.3.3　【曲线】命令

【曲线】命令是功能最强的图像颜色校正命令，它可以将图像中的任一亮度值精确地调整为另一亮度值。执行【图像】/【调整】/【曲线】命令（快捷键为Ctrl+M组合键）后，弹出的【曲线】对话框如图9-15所示。

【曲线】对话框中的水平轴（即输入色阶）代表原图像的亮度值，垂直轴（即输出色阶）代表调整后的图像的颜色值。

对于因曝光不足而色调偏暗的RGB颜色图像，可以将曲线调整至上凸的形态，使图像变亮，如图9-16所示。

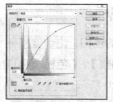

图 9-16　将图像调亮

对于因曝光过度而色调高亮的 RGB 颜色图像，可以将曲线调整至向下凹的形态，使图像的各色调区按比例减暗，从而使图像的色调变得更加饱和，如图 9-17 所示。

图 9-17　增强图像对比度

9.3.4　【曝光度】命令

【曝光度】命令可以在线性空间中调整图像的曝光数量、位移和灰度系数，进而改变当前颜色空间中图像的亮度和明度。执行【图像】/【调整】/【曝光度】命令，将弹出【曝光度】对话框，原图像与调整曝光度后的效果如图 9-18 所示。

图 9-18　原图像与调整曝光度后的效果

【曝光度】用于设置图像的曝光度，可通过增强或减弱光照强度使图像变亮或变暗。设置正值或用鼠标向右拖曳滑块可使图像变亮；设置负值或向左拖曳滑块可使图像变暗。

9.3.5　【自然饱和度】命令

【自然饱和度】命令可以在图像颜色接近最大饱和度时，最大限度地减少修剪。执行【图像】/【调整】/【自然饱和度】命令，将弹出【自然饱和度】对话框。原图像与调整自然饱和度后的效果如图 9-19 所示。

图 9-19　原图像与调整自然饱和度后的效果

9.3.6 【色相/饱和度】命令

【色相/饱和度】命令用于调整图像的色相、饱和度和亮度。它既可以作用于整个图像，又可以单独调整指定的颜色。执行【图像】/【调整】/【色相/饱和度】命令（快捷键为 Ctrl+U 组合键）后，弹出的【色相/饱和度】对话框如图 9-20 所示。

勾选【着色】复选项，可以将彩色图像变为单色调效果，可用于为灰度图像着色，效果如图 9-21 所示。

图 9-21 彩图

图 9-20 【色相/饱和度】对话框 　　图 9-21 图像原图及调整的单色调效果

9.3.7 【色彩平衡】命令

【色彩平衡】命令可通过调整各种颜色的混合量来调整图像的整体色彩。执行【图像】/【调整】/【色彩平衡】命令（快捷键为 Ctrl+B 组合键）后，弹出的【色彩平衡】对话框如图 9-22 所示。

原图像与调整色彩平衡后的效果如图 9-23 所示。

图 9-23 彩图

图 9-22 【色彩平衡】对话框 　　图 9-23 原图像与调整色彩平衡后的效果

图 9-24 【黑白】对话框

9.3.8 【黑白】命令

【黑白】命令可以快速将彩色图像转换为黑白或单色图像，同时保持对各颜色的控制。执行【图像】/【调整】/【黑白】命令后，弹出的【黑白】对话框如图 9-24 所示。

勾选【色调】复选项后，可将彩色图像转换为单色图像。用鼠标调整下方的"色相"滑块，可更改色调的颜色；调整下方的"饱和度"滑块，可提高或降低颜色的饱和度。单击右侧的色块，可在弹出的【拾色器】对话框中进一步调整色调的颜色。

9.3.9 【照片滤镜】命令

【照片滤镜】命令的作用类似于摄像机或照相机的滤色镜片。它可以对图像颜色进行过滤，使图像产生不同的滤色效果。执行【图像】/【调整】/【照片滤镜】命令后，弹出的【照片滤镜】对话框如图 9-25 所示。

◎ 【滤镜】：选择此单选按钮后，可以在右侧的下拉列表中选择用于
滤色的滤镜。

◎ 【颜色】：选择此单选按钮并单击右侧的色块，可在弹出的【拾色
器】对话框中任意设置一种颜色作为滤镜颜色。

图 9-25 【照片滤镜】对话框

原图像与添加颜色滤镜后的效果如图 9-26 所示。

图 9-26 彩图

图 9-26 原图像与添加颜色滤镜后的效果

9.3.10 【通道混合器】命令

【通道混合器】命令可以通过混合指定的颜色通道来改变某一通道的颜色。此命令只能调整 RGB
颜色模式和 CMYK 颜色模式的图像，调整不同颜色模式的图像时，【通道混合器】对话框中的选项
也不相同。图 9-27 所示为图像原图及调整 RGB 颜色模式后的效果。

【输出通道】用于选择要混合的颜色通道。下拉列表中的选项取决于图像的颜色模式，对于 RGB
颜色模式的图像，列表中将包括"红色""绿色"和"蓝色"3 个通道；对于 CMYK 颜色模式的图
像，列表中将包括"青色""洋红""黄色"和"黑色"4 个通道。

图 9-27 彩图

图 9-27 利用【通道混合器】命令调整颜色的效果对比

9.3.11 【反相】命令

执行【图像】/【调整】/【反相】命令，可以使图像中的颜色和亮度反转成补色，生成一种照片
的负片效果，如图 9-28 所示。反复执行此命令，可以使图像在正片与负片之间相互转换。

图 9-28 彩图

图 9-28 图像反相前后的效果对比

9.3.12 【色调分离】命令

执行【图像】/【调整】/【色调分离】命令，将弹出图 9-29 所示的【色调分离】对话框。在【色阶】数值框中设置一个适当的数值，可以指定图像中每个颜色通道的色调级或亮度值数目，并将像素映射为与之最接近的一种色调，从而使图像产生各种特殊的色彩效果。原图像与色调分离后的效果如图 9-30 所示。

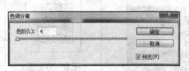

图 9-29 【色调分离】对话框

图 9-30 原图像与色调分离后的效果

图 9-30 彩图

9.3.13 【阈值】命令

【阈值】命令可以将彩色图像转换为高对比度的黑白图像。执行【图像】/【调整】/【阈值】命令，将弹出【阈值】对话框，如图 9-31 所示。

在该对话框中设置一个适当的【阈值色阶】值，即可把图像中所有比阈值色阶亮的像素转换为白色，所有比阈值色阶暗的像素转换为黑色。原图像与生成的效果如图 9-32 所示。

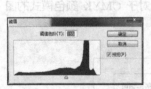

图 9-31 【阈值】对话框

图 9-32 阈值效果

图 9-32 彩图

9.3.14 【渐变映射】命令

图 9-33 【渐变映射】对话框

【渐变映射】命令可以将选定的渐变色映射到图像中以取代原来的颜色。在渐变映射时，渐变色最左侧的颜色映射为阴影色，右侧的颜色映射为高光色，中间的过渡色则根据图像的灰度级映射到图像的中间调区域。执行【图像】/【调整】/【渐变映射】命令后，弹出的【渐变映射】对话框如图 9-33 所示。原图像与调整渐变映射后的效果如图 9-34 所示。

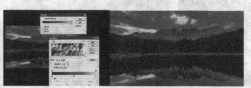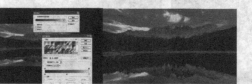

图 9-34 彩图

图 9-34 原图像与产生的渐变映射效果

9.3.15 【可选颜色】命令

【可选颜色】命令可以调整图像中的某一种颜色，从而影响图像的整体色彩。执行【图像】/【调整】/【可选颜色】命令，将弹出【可选颜色】对话框。原图像与调整可选颜色后的效果如图 9-35 所示。

图 9-35 彩图

图 9-35 原图像与调整可选颜色后的效果

9.3.16 【阴影/高光】命令

【阴影/高光】命令用于校正由于光线不足或强逆光而形成的阴暗效果的照片，也可用于校正由于曝光过度而形成的发白照片。执行【图像】/【调整】/【阴影/高光】命令，将弹出【阴影/高光】对话框。在对话框中，阴影和高光都有各自的控制选项，通过调整阴影或高光参数即可使图像变亮或变暗。原图像与校正后的效果如图 9-36 所示。

图 9-36 原图像与校正后的效果

◎ 【数量】：用于设置图像亮度的校正量。数值越大，图像变亮或变暗的效果越明显。

◎ 【半径】：用于控制每个像素周围的相邻像素的大小。该大小决定了像素是在暗调还是在高光中。

◎ 【颜色校正】：用于对图像中已更改区域的颜色进行细微调整。此选项仅适用于调整彩色图像，数值越大，调整后的颜色越饱和。

◎ 【中间调对比度】：用于调整图像中间调的对比度。增大此数值，可以增加中间调的对比度，使图像的阴影区域更暗，高光区域更亮。

◎ 【修剪黑色】、【修剪白色】：用于确定图像中将有多少阴影或高光被剪切为新的暗调（色阶为 0 ）和高光（色阶为 255 ）。

9.3.17 【HDR 色调】命令

【HDR 色调】命令可以将全范围的 HDR 对比度和曝光度设置应用于各个图像。执行【图像】/【调整】/【HDR 色调】命令，将弹出图 9-37 所示的【HDR 色调】对话框。

图 9-37 【HDR 色调】对话框

◎ 【预设】：可以选择一种预设，对图像进行调整。

◎ 【方法】：用于设置调整色调的方法。选择"局部适应"，将通过调整图像中的局部亮度区域来调整 HDR 色调；选择"曝光度和灰度系数"，将允许手动调整 HDR 图像的亮度和对比度，移动【灰度系数】滑块可以调整对比度，移动【曝光度】滑块可以调整曝光度；选择"高光压缩"，将压缩 HDR 图像中的高光值，使其位于 8 位/通道或 16 位/通道的图像文件的亮度值范围内，无需进一步调整，此方法会自动进行调整；选择"色调均化直方图"，将在压缩 HDR 图像动态范围的同时，尝试保留一部分对比度。

◎ 【边缘光】：【半径】选项用于指定局部亮度区域的大小。【强度】选项用于指定两个像素的色调值相差多大时，它们将属于不同的亮度区域。

◎ 【色调和细节】：将【灰度系数】设置为"1"时，动态范围最大；较低的设置会加重中间调，而较高的设置会加重高光和阴影。【曝光度】值可反映光圈大小。拖动【细节】滑块可以调整锐化程度，拖动【阴影】和【高光】滑块可以使这些区域变亮或变暗。

◎ 【高级颜色】：【自然饱和度】可调整细微的颜色强度，同时，尽量不剪切高度饱和的颜色。【饱和度】可调整从−100（单色）到+100（双饱和度）的所有颜色的强度。

◎ 【色调曲线和直方图】：单击该选项前面的▶图标，可将直方图显示出来。直方图上会显示一条可调整的曲线，以显示原始的 32 位 HDR 图像中的明亮度值。

原图像与利用【HDR 色调】命令调整对比度后的效果如图 9-38 所示。

图 9-38 原图像与调整对比度后的效果

9.3.18 【变化】命令

【变化】命令用于直观地调整图像的色彩、亮度或饱和度。此命令常用于调整一些不需要精确调整的色调平均的图像，与其他色彩调整命令相比，【变化】命令更直观，只是无法调整索引颜色模式的图像。执行【图像】/【调整】/【变化】命令，将弹出【变化】对话框，可通过在对话框中单击各个缩略图来加深某一种颜色，从而调整图像的整体色彩。原图像与颜色变化后的效果如图 9-39 所示。

图 9-39 彩图

图 9-39 原图像与颜色变化后的效果

◎ 【阴影】、【中间色调】和【高光】：用于确定图像中要调整的色调范围。

◎ 【饱和度】：单击此单选项，【变化】命令将用于调整图像的饱和度，并且对话框中只显示与饱和度相关的缩略图。中间的缩略图用于显示图像调整后的效果；单击左侧的缩略图，可以降低图像的饱和度；单击右侧的缩略图，可以增加图像的饱和度。

◎ 【原稿】和【当前挑选】缩略图：位于对话框左上角，【原稿】缩略图用于显示图像的原始效果；【当前挑选】缩略图用于预览图像调整后的效果。

9.3.19 【去色】命令

该命令用于将图像中的颜色去掉，并将图像变为黑白颜色的图像，即在不改变颜色模式的前提下将图像变为灰度图像，如图 9-40 所示。

图 9-40 图像去色前后的对比效果

9.3.20 【匹配颜色】命令

【匹配颜色】命令可以将一个图像的颜色与另一个图像的颜色相互融合，也可以将同一图像不同图层中的颜色相互融合，或者按照图像本身的颜色进行自动中和。执行【图像】/【调整】/【匹配颜色】命令，将弹出【匹配颜色】对话框。原图像与匹配颜色后的图像效果如图 9-41 所示。

图 9-41 原图像与匹配颜色后的图像效果

◎ 【目标图像】：用于显示要匹配颜色的图像文件的名称、格式和颜色模式等。注意，CMYK颜色模式的图像，无法执行【匹配颜色】命令。

◎ 【应用调整时忽略选区】：当目标图像中有选区时，用于确定是仅在选区内应用匹配颜色，还是在整个图像内应用匹配颜色。

◎ 【图像选项】：其下的选项分别用于控制调整后的图像的明亮度、颜色强度及颜色的渐隐量。

◎ 【中和】：勾选此复选项后，将自动移动目标图像中的色痕。

◎ 【使用源选区计算颜色】：当源图像中有选区时，勾选此复选项，将使用选区内的图像颜色来调整目标图像。

◎ 【使用目标选区计算调整】：当目标图像中有选区时，勾选此复选项，将使用源图像的颜色对选区内的图像进行调整。

◎ 【源】：可以在其下拉列表中选择源图像，即要将颜色与目标图像相匹配的图像文件。

◎ 【图层】：用于选择源图像中与目标图像颜色匹配的图层。如果要与源图像中所有图层的颜色相匹配，可以选择【合并的】选项。

9.3.21　【替换颜色】命令

【替换颜色】命令可以用设置的颜色样本来替换图像中指定的颜色范围，其工作原理是先用 【色彩范围】命令选择要替换的颜色范围，再用【色相/饱和度】命令调整选择图像的色彩。执行【图像】/【调整】/【替换颜色】命令，将弹出【替换颜色】对话框。原图像与替换图像中特定颜色后的效果如图 9-42 所示。

图 9-42 彩图

图 9-42　原图像与替换图像中特定颜色后的效果

◎ 【选区】：该区域中的按钮及选项主要用于指定图像中要替换的颜色范围。其中，【吸管】按钮 ✎ 用于吸取要替换的颜色；【添加到取样】按钮 ✎ 可以在要替换的颜色中增加新颜色；【从取样中减去】按钮 ✎ 可以在要替换的颜色中减少新颜色；【颜色容差】用于控制要替换的颜色区域的范围；【选区】和【图像】选项用于确定预览图中是显示要替换的颜色范围还是显示原图像。另外，也可以单击【颜色】色块，直接选择要替换的颜色。

◎ 【替换】：可以通过调整色相、饱和度和明度来替换颜色，也可以单击【结果】色块，直接选择一种颜色来替换原颜色。

9.3.22　【色调均化】命令

执行【图像】/【调整】/【色调均化】命令后，系统将会自动查找图像中的最亮像素和最暗像素，并将它们分别映射为白色和黑色，然后，将中间的像素按比例重新分配到图像中，从而增加图像的对比度，使图像明暗分布更均匀。原图像与执行【色调均化】命令后的效果如图 9-43 所示。

如果图像中存在选区，执行【色调均化】命令后将弹出图 9-44 所示的【色调均化】对话框。该对话框中的选项用于设置要均化的图像范围。若单击【仅色调均化所选区域】单选项，则只能对选区内的图像进行色调均化；若单击【基于所选区域色调均化整个图像】单选项，则可以在选区内查找最亮区域和最暗区域，并基于选区内的图像来均匀分布整个图像。

图9-43　原图像与执行【色调均化】命令后的效果

图9-44　【色调均化】对话框

9.4　综合案例——制作风景相册

微课 11
制作风景相册

下面综合运用各校正命令来调整图像的色调，然后，制作一个风景相册。

🔑 制作风景相册

步骤① 打开素材文件中"图库\第 09 章"目录下的"相册模板.psd"和"风景 01.jpg"文件，如图 9-45 所示。

图9-45 彩图

图9-45　打开的图片

步骤② 将"风景 01.jpg"文件设置为工作状态，按 Ctrl+A 组合键，将画面全部选择，然后按 Ctrl+C 组合键，将选择的画面复制到剪贴板中。

步骤③ 将"相册模板.psd"文件设置为工作状态，然后，用矩形选框工具▭绘制出图 9-46 所示的矩形选区。

步骤④ 执行【编辑】/【选择性粘贴】/【贴入】命令，将剪贴板中的内容贴入当前选区中，此时，会在【图层】面板中生成"图层 7"，且生成蒙版层。

步骤⑤ 按 Ctrl+T 组合键，为贴入的图片添加自由变换框，并将其调整至图 9-47 所示的形态，然后，按 Enter 键，确认图像的变换操作。

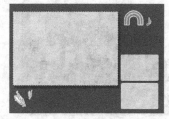 

图9-46　绘制的选区　　　　　图9-47　调整后的图像形态

步骤⑥ 按住 Ctrl 键并单击"图层 7"的蒙版缩览图，添加选区，然后，单击【图层】面板下方的 ⊘. 按钮。在弹出的菜单中选择【色彩平衡】命令，再在弹出的【色彩平衡】对话框中设置参数，如图 9-48 所示。调整后的图像效果如图 9-49 所示。

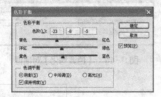 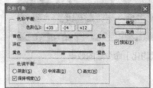 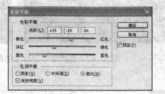

图 9-48 【色彩平衡】

步骤⑦ 将素材文件中"图库\第 09 章"目录下名为"风景 02.jpg"的图片打开，然后，用与步骤 2～步骤 5 相同的方法，将其贴入"相册模板.psd"文件中，生成"图层 8"，效果如图 9-50 所示。

图 9-49 调整后的图像效果　　　　　　　　　图 9-49 彩图　　　　　　　　　图 9-50 贴入的图片

步骤⑧ 按住 Ctrl 键并单击"图层 8"的蒙版缩览图，添加选区，然后单击【图层】面板下方的 ⊘. 按钮，在弹出的菜单中选择【曲线】命令，再在弹出的【属性】面板中调整曲线形态，如图 9-51 所示。调整后的图像效果如图 9-52 所示。

图 9-51 【属性】面板　　　　　　　　　图 9-52 调整后的图像效果

步骤⑨ 再次载入"图层 8"蒙版缩览图的选区，然后，单击【图层】面板下方的 ⊘. 按钮，在弹出的菜单中选择【色阶】命令，再在弹出的【属性】面板中设置参数，如图 9-53 所示。调整后的图像效果如图 9-54 所示。

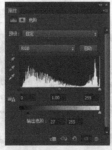 

图 9-53 【属性】面板　　　　　　　　　图 9-54 调整后的图像效果

步骤⑩ 将素材文件中"图库\第 09 章"目录下名为"风景 03.jpg"的图片打开，然后，将其移动复制到"相册模板.psd"文件中，生成"图层 9"。

步骤⑪ 按 Ctrl+T 组合键，为复制入的图片添加自由变换框，再按住 Ctrl 键，将其调整至图 9-55 所示的形态，最后，按 Enter 键，确认图片的变换操作。

步骤⑫ 执行【图层】/【图层样式】/【内发光】命令，在弹出的【图层样式】对话框中设置参数，如图 9-56 所示。

图 9-55 彩图

图 9-55 调整后的图片形态

步骤⑬ 单击 确定 按钮，添加内发光样式后的图像效果如图 9-57 所示。

图 9-56 【图层样式】对话框   图 9-57 添加内发光样式后的图像效果

步骤⑭ 按住 Ctrl 键并单击"图层 9"左侧的图层缩览图，添加选区，然后，单击【图层】面板下方的 ⊘. 按钮，在弹出的菜单中选择【色彩平衡】命令，再在弹出的【色彩平衡】对话框中设置参数，如图 9-58 所示。调整后的图像效果如图 9-59 所示。

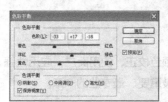
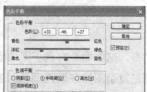

图 9-58 【色彩平衡】对话框

图 9-59 彩图

图 9-59 调整后的图像效果

步骤⑮ 选择横排文字工具 **T**，依次输入图 9-60 所示的黄色文字。

步骤⑯ 执行【图层】/【图层样式】/【描边】命令，在弹出的【图层样式】对话框中设置参数，如图 9-61 所示。

图 9-60　输入的文字

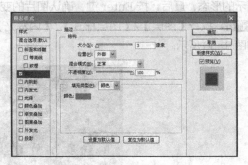

图 9-61　【图层样式】对话框

步骤⑰ 单击 确定 按钮，添加描边样式后的文字效果如图 9-62 所示。

至此，旅行相册已制作完成，整体效果如图 9-63 所示。

图 9-62　添加描边样式后的文字效果

图 9-63　制作完成的儿童相册

步骤⑱ 按 Shift+Ctrl+S 组合键，将文件另存为"制作旅行相册.psd"。

小结

本章主要讲解了图像色彩校正命令。这些命令有利于图像颜色校正，使用面广，应用性强，可对图像调整起到事半功倍的效果，特别是复杂图像在调整颜色时最重要、最专业的一章。

习题

1. 打开素材文件中"图库\第 09 章"目录下的"黑板.jpg"文件，用【黑白】命令将照片调整成单色，然后，选择【图像】/【调整】/【亮度】命令，对效果做简单处理，得到图 9-64 所示的效果。

图 9-64 彩图

图 9-64　照片原图及调整后的效果

2. 打开素材文件中"图库\第 07 章"目录下的"跑车.jpg"文件，然后，利用【色彩平衡】、【色相/饱和度】命令，将照片中红色的跑车调整成玫瑰紫颜色，如图 9-65 所示。

图 9-65 彩图

图 9-65　照片原图及调整后的效果

第 10 章
滤镜

滤镜是 Photoshop 中最精彩的内容之一。通过它，用户可以制作出多种图像艺术效果及各种类型的艺术效果字。Photoshop CS6 的【滤镜】菜单中共有 100 多种滤镜命令，每个命令都可以使图像产生不同的滤镜效果。用户也可以利用滤镜库为图像应用多种滤镜效果。

10.1 【转换为智能滤镜】命令

Photoshop CS6 中的【转换为智能滤镜】命令可以使用户像操作图层样式那样灵活、方便地运用滤镜。如果在应用效果之前，先执行此命令，在调效果时，就可通过智能滤镜随时更改添加在图像上的滤镜参数了，并且还可以随时移除或添加其他滤镜。

利用智能滤镜修改图像效果时，可保留图像原有数据的完整性。如果觉得某滤镜不合适，可以暂时关闭，或者退回到应用滤镜前的图像的原始状态。若要修改某滤镜的参数，双击【图层】面板中的该滤镜后，即可弹出该滤镜的参数设置对话框；单击【图层】面板滤镜左侧的眼睛图标，可以关闭该滤镜的预览效果。在滤镜上单击鼠标右键，可在弹出的菜单中编辑滤镜的混合模式，更改滤镜的参数设置，关闭滤镜或删除滤镜等。

10.2 应用滤镜

滤镜菜单下面每一个命令都可以应用于 RGB 颜色模式的图像，而对于 CMYK 和灰度颜色模式的图像，则有部分滤镜命令无法执行，只有先将其转换为 RGB 颜色模式后才可以应用。这一点要特别注意。

10.2.1 在图像中应用单个滤镜

在图像中创建好选区或设置好需要应用滤镜效果的图层后，执行【滤镜】菜单命令，在弹出的子菜单中选择相应的命令。如果滤镜命令后面带有省略号（…），就会弹出相应的对话框。单击对话框中图像预览窗口左下角的+和-按钮，可以放大或缩小显示预览窗口中的图像。设置好相应的参数及选项后，单击 确定 按钮，即可将一种滤镜效果应用到图像中。

10.2.2 在图像中应用多个滤镜

在图像中创建好选区或设置好需要应用滤镜效果的图层后，执行【滤镜】/【滤镜库】命令，将弹出【滤镜库】对话框。设置好滤镜命令后，【滤镜库】对话框中的标题栏名称将变为相应的滤镜名称。执行相应命令后，【滤镜库】/【水彩】对话框的操作图如图 10-1 所示。

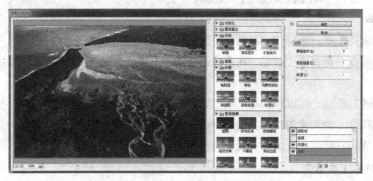

图 10-1 【滤镜库】/【水彩】对话框的操作图

① 预览区。

在【滤镜库】对话框的左侧是图像的预览区。通过该区域可以完成图像的预览效果。

◎ 【图像预览】：显示当前图像的效果。

◎ 【放大】：单击该按钮，可以放大图像预览效果。

◎ 【缩小】：单击该按钮，可以缩小图像预览效果。

◎ 【缩放比例】：单击该区域，可以打开缩放菜单，从中选择预设的缩放比例。如果选择【实际像素】，就显示图像的实际大小；如果选择【符合视图大小】，就会根据当前对话框的大小缩放图像；如果选择【按屏幕大小缩放】，就会满屏幕显示对话框，并缩放图像到合适的尺寸。

② 滤镜和参数区。

在【滤镜库】的中间显示了 6 个滤镜组，单击滤镜组名称，可以展开或折叠当前的滤镜组。展开滤镜组后，单击某个滤镜命令，即可将该命令应用到当前的图像中，并且在对话框的右侧显示当前选择滤镜的参数选项。还可以从右侧的下拉列表框中选择各种滤镜命令。

在【滤镜库】右下角显示了当前应用在图像上的所有滤镜列表。单击【新建效果图层】按钮 ，可以创建一个新的滤镜效果，以便增加更多的滤镜。如果不创建新的滤镜效果，每次单击【滤镜】命令，会将刚才的滤镜替换掉，而不会增加新的滤镜命令。选择一个滤镜，然后单击【删除效果图层】按钮 ，可以将选择的滤镜删除。

> 提示
>
> 　　执行过一次滤镜命令后，滤镜菜单栏中的第一个命令即可使用。执行此命令或按 Ctrl+F 组合键，可以在图像中再次应用最后一次应用的滤镜效果。按 Ctrl+Alt+F 组合键，将弹出上次应用滤镜的对话框。

10.3　【镜头校正】命令

【滤镜】/【镜头校正】命令用于修复常见的镜头瑕疵，比如桶形和枕形失真、晕影和色差等。该滤镜命令在 RGB 颜色模式或灰度颜色模式下只能用于 8 位/通道和 16 位/通道的图像。

打开素材文件中"图库\第 10 章"目录下的"海边企鹅.jpg"文件，执行【滤镜】/【镜头校正】命令，弹出图 10-2 所示的【镜头校正】对话框。

1. 工具按钮

◎ 移去扭曲工具 ：选择该工具后，可通过拖曳鼠标对图像进行扭曲。

◎ 拉直工具 ：选择该工具后，在图像边缘绘制一条线，即可使图像的边缘对齐水平或垂直的网格线。

◎ 移动网格工具 ：可以移动网格的位置，使网格对齐图像的边缘。

◎ 抓手工具 ：当图像窗口被放大后，可以平移图像在窗口中的显示位置。

◎ 缩放工具 ：可以放大或缩小图像的显示比例。

2. 【自动校正】选项卡

◎ 【校正】：用于选择要修复的问题，包括几何扭曲、色差和晕影。

图10-2 【镜头校正】对话框

◎ 【自动缩放图像】：当校正没有按预期的方式扩展或收缩图像，使图像超出了原始尺寸时，勾选此项可自动缩放图像。

◎ 【边缘】：用于指定如何处理由于枕形失真、旋转或透视校正而产生的空白区域。可以使用透明色或某种颜色填充空白区域，也可以扩展图像的边缘像素。

◎ 【搜索条件】：用于对"镜头配置文件"列表进行过滤。默认情况下，基于图像传感器大小的配置文件将先出现。

◎ 【镜头配置文件】：用于选择匹配的配置文件。

3. 【自定】选项卡

单击【镜头校正】对话框的右上角的【自定】选项卡，各项参数如图 10-3 所示。

图10-3 【自定】选项卡

◎ 【设置】：单击右侧的倒三角，可在弹出的菜单中选择一个预设的设置。选择"镜头默认值"选项，可使用以前为图像制作的相机、镜头、焦距和光圈大小设置。选择"上一个校正"选项，可使用上一次镜头校正中使用的设置。

◎ 【移去扭曲】：通过拖曳滑块，可以校正镜头桶形或枕形失真。移动滑块可拉直从图像中心向外弯曲或向图像中心弯曲的水平和垂直线条。

也可以使用移去扭曲工具 来进行校正，向图像的中心拖动可校正枕形失真，而向图像的边缘拖动可校正桶形失真。

◎ 【修复红/青边】、【修复绿/洋红边】和【修复蓝/黄边】：拖曳相应的滑块，可以通过对其中一个颜色通道调整另一个颜色通道的大小，来补偿边缘。

◎ 【数量/变暗】：拖曳滑块，可以设置沿图像边缘变亮或变暗的程度，用于校正由于镜头缺陷或镜头遮光处理不正确而导致拐角较暗的图像。

◎ 【中点】：用于设置受"数量"滑块影响的区域宽度。如果设置较小的参数，就会影响较多的图像区域；如果设置较大的参数，就只影响图像的边缘。

◎ 【垂直透视】：拖曳滑块，可以校正相机向上或向下倾斜而导致的图像垂直出现的透视，使图像中的垂直线平行。

◎ 【水平透视】：拖曳滑块，可以校正图像水平透视，并使水平线平行。

◎ 【角度】：拖曳滑块，可以旋转图像以针对相机歪斜加以校正，还可用于校正透视后的调整，也可以使用拉直工具 △ 来进行此校正，沿图像中想作为横轴或纵轴的直线拖动即可。

◎ 【比例】：拖曳滑块，可以设置向上或向下调整图像的缩放，图像像素尺寸不会被改变，主要用于移去由于枕形失真、旋转或透视校正而产生的图像空白区域。放大实际上将导致图像被裁剪，并使插值增大到原始像素尺寸。

10.4 【液化】命令

【液化】命令可以通过交互方式对图像进行拼凑、推、拉、旋转、反射、折叠或膨胀等变形。打开素材文件中"图库\第 10 章"目录下的"人物.jpg"文件，执行【滤镜】/【液化】命令，弹出的【液化】对话框如图 10-4 所示。

图 10-4 【液化】对话框

对话框左侧的工具按钮用于设置变形的模式，右侧的选项及参数用于设置画笔的大小、压力及查看模式等。各工具按钮的功能介绍如下。

◎ 向前变形工具 ：选择此工具后，在预览窗口中单击或拖曳鼠标，可以将图像向前推送，使之产生扭曲变形。原图如图 10-5 所示，效果如图 10-6 所示。

◎ 重建工具 ：选择此工具后，在预览窗口中单击或拖曳鼠标，可以修复变形后的图像。

◎ 顺时针旋转扭曲工具 ：选择此工具后，在图像中单击或拖曳鼠标，可以得到顺时针扭曲效果。若同时按住 Alt 键，则可以得到逆时针扭曲效果，如图 10-7 所示。

◎ 褶皱工具 ：选择此工具后，在预览窗口中单击或拖曳鼠标，可以使图像在靠近画笔区域的中心进行变形，效果如图 10-8 所示。

图 10-5 原图　　　　图 10-6 向前变形效果　　图 10-7 顺时针旋转扭曲效果

◎ 膨胀工具 ◎：选择此工具后，在预览窗口中单击或拖曳鼠标，可以使图像在远离画笔区域的中心进行变形，效果如图 10-9 所示。

◎ 左推工具 ❦：选择此工具后，在预览窗口中单击或拖曳鼠标，可以使图像向左或向上偏移。按住 Alt 键并拖曳鼠标，可以使图像向右或向下偏移，效果如图 10-10 所示。

图 10-8 褶皱效果

图 10-9 膨胀效果

图 10-10 左推效果

◎ 冻结蒙版工具 ❧：可以将某区域冻结并保护该区域，以免被进一步编辑。

◎ 解冻蒙版工具 ❧：可以将冻结的区域擦除，使该区域能够被编辑。

10.5 【消失点】命令

【消失点】命令是一种可以简化在包含透视平面（如建筑物的一侧、墙壁、地面或任何矩形物体）的图像中进行的透视校正编辑的过程。在编辑消失点时，可以在图像中指定平面，然后，应用绘画、仿制、复制、粘贴及变换等编辑操作。所有这些编辑操作都将根据所绘制的平面网格来给图像添加透视。本节将通过给沙发贴图的案例，来学习此命令的使用方法。

⛏ 使用【消失点】命令给沙发贴图

步骤① 打开素材文件中"图库\第 10 章"目录下的"沙发.jpg"和"图案.jpg"文件。

步骤② 将"沙发.jpg"文件设置为工作文件，打开【路径】面板，按住 Ctrl 键并单击"路径 1"，载入沙发的选区。

步骤③ 按 Ctrl+J 组合键，将沙发复制，生成"图层 1"，然后，再新建"图层 2"。

步骤④ 将"图案.jpg"文件设置为工作文件。按 Ctrl+A 组合键，全选图案。然后，按 Ctrl+C 组合键将图案复制到剪贴板中，以备在【消失点】对话框中给沙发贴图用。

步骤⑤ 将"沙发.jpg"文件设置为工作状态，然后，执行【滤镜】/【消失点】命令，弹出【消失点】对话框，如图 10-11 所示。

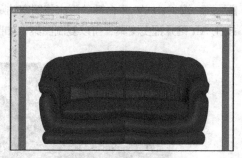
图 10-11 【消失点】对话框

步骤⑥ 选择创建平面工具 ▦，在沙发正面的左侧单击，确定绘制网格的起点，然后，向右移动鼠标并单击，确定网格的第二个控制点，如图 10-12 所示。依次绘制出沙发立面的网格，如图 10-13 所示。

图 10-12　绘制网格

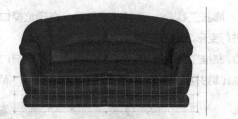

图 10-13　绘制网格

步骤⑦ 设置 网格大小: 25 参数，控制网格的数量，如图 10-14 所示。

步骤⑧ 继续利用创建平面工具 ，绘制沙发坐垫上的网格，如图 10-15 所示。

图 10-14　设置的网格

图 10-15　绘制的网格

步骤⑨ 根据沙发的结构分别绘制出靠背和左右两边扶手的网格，如图 10-16 所示。

步骤⑩ 按 Ctrl+V 组合键，将前面复制到剪贴板中的图案粘贴到【消失点】对话框中，如图 10-17 所示。

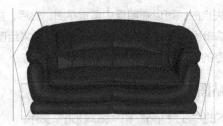

图 10-16　绘制的网格

图 10-17　贴入的图案

步骤⑪ 用鼠标将图案拖曳至网格内，如图 10-18 所示。

步骤⑫ 按 Ctrl+V 组合键，再次将图案粘贴到【消失点】对话框中，再将其拖动到指定的网格中。按住 Alt 键并拖曳图案，可以复制图案，如图 10-19 所示。

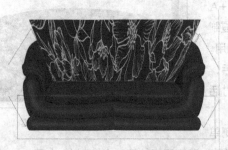

图 10-18　移动到网格内的图案

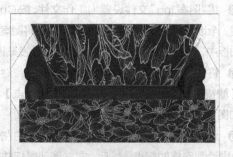

图 10-19　复制图案

步骤⑬ 使用相同的方法再粘贴 3 个相同的图案，并依次将图案拖动到合适的网格内，如图 10-20 所示。

步骤⑭ 单击 [　　　　确定　　　　] 按钮，退出【消失点】对话框，得到图 10-21 所示的画面效果。

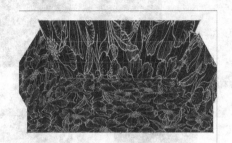

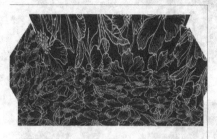

图 10-20　粘贴的图案　　　　　　　　图 10-21　制作的透视图案

步骤⑮ 按住 Ctrl 键并单击"图层 1"的图层缩览图，载入沙发的选区。

步骤⑯ 按 Shift+Ctrl+I 组合键，将选区反选，然后，按 Delete 键，删除沙发外的图案，去除选区后得到图 10-22 所示的效果。

步骤⑰ 在【图层】面板中，将"图层 2"的图层混合模式设置为"正片叠底"。这样就得到了非常漂亮的沙发贴图效果，如图 10-23 所示。

图 10-22　删除多余的图案　　　　　　　　图 10-23　完成后的效果

步骤⑱ 按 Shift+Ctrl+S 组合键，将此文件另存为"沙发贴图.psd"。

10.6　滤镜命令

每一种滤镜都具有独特风格的窗口和功能强大的选项及参数设置，其使用和操作方法相对也较简单。下面将按照功能概括、效果展示的方式来向读者介绍 Photoshop CS6 的滤镜命令。

10.6.1　【风格化】滤镜

【风格化】菜单下的命令可通过置换图像中的像素和查找特定的颜色来增加对比度，生成各种绘画效果或印象派的艺术效果，其下包括 8 个菜单命令，每一种滤镜产生的效果如图 10-24 所示。

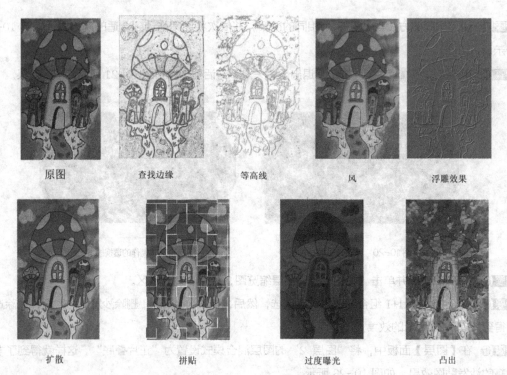

| 原图 | 查找边缘 | 等高线 | 风 | 浮雕效果 |

| 扩散 | 拼贴 | 过度曝光 | 凸出 |

图10-24 【风格化】菜单下的各滤镜效果

【风格化】菜单下每一种滤镜的功能如表 10-1 所示。

表 10-1　　　　　　　　　　　　　　【风格化】菜单下滤镜的功能

滤镜名称	功　　　能
【查找边缘】	在图像中查找颜色的主要变化区域，强化过渡像素，产生类似于用彩笔勾描轮廓的效果，一般适用于背景单纯、主体图像突出的画面
【等高线】	在图像中每一个通道的亮区和暗区边缘勾画轮廓线，产生 RGB 颜色的细线条
【风】	在图像中创建细小的水平线条来模拟风吹的效果
【浮雕效果】	使图像产生一种凸起或凹陷的浮雕效果
【扩散】	根据设置的选项搅乱图像中的像素，使图像看起来聚焦不准，从而产生一种类似于冬天玻璃上的冰花融化的效果
【拼贴】	利用设定的颜色将图像分割成小方块，每一个小方块之间都有一定的位移
【曝光过度】	使图像产生正片与负片混合的效果
【凸出】	根据设置的不同选项，使图像生成立方体或锥体的三维效果

10.6.2　【画笔描边】滤镜

　　【画笔描边】菜单下的命令可以给图像创造出各种不同的绘画艺术效果，其下包括 8 个菜单命令，每一种滤镜产生的效果如图 10-25 所示。

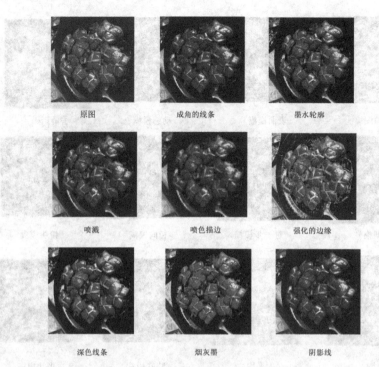

图 10-25　【画笔描边】菜单下的各滤镜效果

【画笔描边】菜单下的每一种滤镜的功能如表 10-2 所示。

表 10-2　　　　　　　　　　　　【画笔描边】菜单下滤镜的功能

滤镜名称	功　能
【成角的线条】	在图像中较亮区域与较暗区域分别使用两种不同角度的线条来描绘图像，可以制作出类似用油画笔在对角线方向上绘制的效果
【墨水轮廓】	能够制作出类似钢笔勾画的风格，是用纤细的黑色线条在细节上重绘图像
【喷溅】	可以模拟喷枪喷溅，在图像中产生颗粒飞溅的效果
【喷色描边】	将图像的主导色，用成角的、喷溅的颜色线条重绘图像
【强化的边缘】	对图像中不同颜色之间的边缘进行加强处理。设置较高的边缘亮度控制值时，强化效果类似白色粉笔；设置较低的边缘亮度控制值时，强化效果类似黑色油墨
【深色线条】	在图像中用短而密的线条绘制深色区域，用长的线条描绘浅色区域
【烟灰墨】	可以使图像产生一种类似于毛笔在宣纸上绘画的效果。这种效果具有非常黑的柔化模糊边缘
【阴影线】	保留原图像的细节和特征，同时使用模拟的铅笔阴影线添加纹理，并使图像中彩色区域的边缘变得粗糙

10.6.3　【模糊】滤镜

【模糊】菜单下的命令可以对图像进行各种类型的模糊效果处理。它可通过平衡图像中的线条和遮蔽区域清晰的边缘像素，使图像显得虚化柔和，其下包括 11 个菜单命令，每一种滤镜产生的效果如图 10-26 所示。

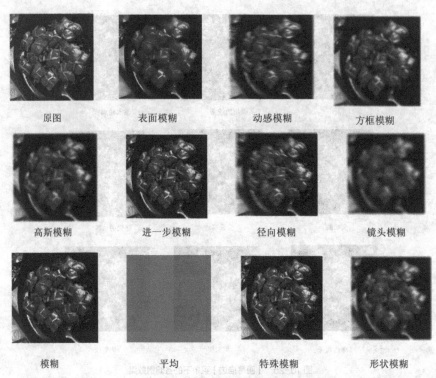

图10-26　【模糊】菜单下的各滤镜效果

【模糊】菜单下的每一种滤镜的功能如表 10-3 所示。

表 10-3　　　　　　　　　　　　　　　　**【模糊】菜单下的滤镜功能**

滤镜名称	功　　能
【表面模糊】	在保留边缘的同时模糊图像，用于创建特殊的模糊效果，同时消除杂色或颗粒
【动感模糊】	沿特定方向（-360°～+360°）以指定的强度对图像进行模糊处理，类似于物体高速运动时，曝光的摄影手法
【方框模糊】	基于相邻像素的平均颜色值来模糊图像
【高斯模糊】	控制模糊半径参数对图像进行不同程度的模糊效果处理，从而使图像产生一种朦胧的效果。此命令是在图像处理过程中使用频率最高的一种图像模糊命令
【进一步模糊】	与使用【模糊】命令时图像产生的模糊效果基本相同，只是产生的效果更加明显
【径向模糊】	模拟移动或旋转的相机所拍摄的模糊照片效果
【镜头模糊】	模拟使用照相机镜头的柔光功能制作的镜头景深模糊效果
【模糊】	使图像产生极其轻微的模糊效果，只有在处理比较清晰的图像效果时才使用，要得到很明显的模糊效果，就要多次使用此命令
【平均】	可以将图层或选区中的图像颜色平均分布，产生一种新颜色，然后，用产生的新颜色填充图层或选区
【特殊模糊】	对图像进行精细的模糊，只对有微弱颜色变化的区域进行模糊，不对图像轮廓进行模糊
【形状模糊】	使用指定的形状来创建模糊，即先从【自定形状】预设列表中选择一种形状，然后，调整【半径】值的大小

10.6.4　【扭曲】滤镜

　　【扭曲】菜单下的命令可以对图像进行各种形态的扭曲，使图像产生奇妙的艺术效果，其下包括 9 个菜单命令，每一种滤镜产生的效果如图 10-27 所示。

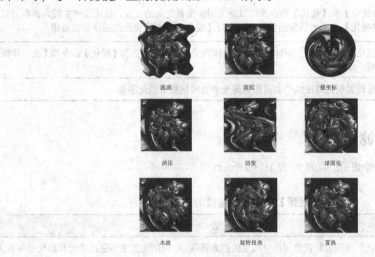

图 10-27　【扭曲】菜单下的各滤镜效果

　　【扭曲】菜单下的每一种滤镜的功能如表 10-4 所示。

表 10-4　　　　　　　　　　　　　　　　　　　　　　　　【扭曲】菜单下的滤镜的功能

滤镜名称	功　　能
【波浪】	使图像产生强烈的波浪效果
【波纹】	在图像上创建波状起伏的褶皱效果，类似于水表面的波纹
【极坐标】	可以将指定的图像从平面坐标转换到极坐标，或者从极坐标转换到平面坐标
【挤压】	使图像产生向外或向内挤压的效果，【挤压】对话框中的【数量】参数为负值时，可将图像向外挤压；数值为正值时，可将图像向内挤压
【切变】	可以将图像沿设置的曲线进行扭曲，拖曳【切变】对话框中的线条，可以改变图像扭曲的形状
【球面化】	此命令与【挤压】命令相似，只是产生的效果和参数设置正负值与【挤压】相反。此命令还多了【模式】选项，可以将图像挤压，产生一种图像包在球面或柱面上的立体效果
【水波】	可产生一种类似于投石入水的涟漪效果
【旋转扭曲】	可以使图像产生旋转扭曲的变形效果。【旋转扭曲】对话框中的【角度】参数为负值时，图像将以逆时针进行旋转扭曲；数值为正值时，图像将以顺时针进行旋转扭曲
【置换】	可以将 PSD 格式的目标图像与指定的图像按照纹理的交错组合在一起，用来置换的图像称为置换图。该图像必须为 PSD 格式

10.6.5　【锐化】滤镜

　　【锐化】菜单下的命令可以通过增加图像中色彩相邻像素的对比度来聚焦模糊的图像，从而使图像变得清晰。【锐化】菜单下的每一种滤镜的功能如表 10-5 所示。

表 10-5 　　　　　　　　　　　　　　　 **【锐化】菜单下的滤镜的功能**

滤镜名称	功　能
【USM 锐化】	用于调整图像边缘的对比度，使模糊的图像变得清晰。在处理数码照片时，此命令非常实用
【进一步锐化】、 【锐化】	【进一步锐化】和【锐化】命令都可以增大图像像素之间的反差，使图像产生较为清晰的效果。【进一步锐化】命令的效果相当于多次执行【锐化】命令所得到的图像锐化效果
【锐化边缘】	可以只锐化图像的边缘，同时保留图像整体的平滑度，其特点与【锐化】命令和【进一步锐化】命令相同
【智能锐化】	可以通过设置锐化算法或控制阴影和高光中的锐化量来锐化图像

10.6.6 【视频】滤镜

【视频】菜单下的每一种滤镜的功能如表 10-6 所示。

表 10-6 　　　　　　　　　　　　　　　 **【视频】菜单下的滤镜的功能**

滤镜名称	功　能
【NTSC 颜色】	将图像的色彩范围限制在电视机可接受的色彩范围内，以防止发生颜色过度饱和而使电视机无法正确扫描的现象
【逐行】	可以通过移去视频图像中的奇数或偶数隔行线，使在视频上捕捉的运动图像变得平滑

10.6.7 【素描】滤镜

【素描】菜单下的命令可以利用前景色和背景色并根据当前图像中不同的色彩明暗分布来置换图像中的色彩，生成一种双色调的图像效果，其下包括 14 个菜单命令，每一种滤镜所产生的效果如图 10-28 所示。

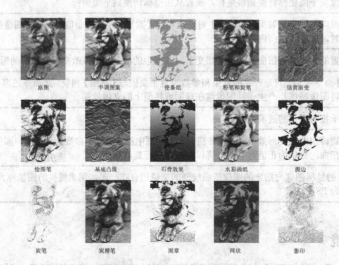

图 10-28 彩图

图 10-28 【素描】菜单下的各滤镜效果

【素描】菜单下的每一种滤镜的功能如表 10-7 所示。

表 10-7   【素描】菜单下的滤镜的功能

滤镜名称	功　能
【半调图案】	在保持图像连续色调范围的同时模拟半调网屏效果
【便条纸】	使图像产生一种类似于浮雕的凹陷效果
【粉笔和炭笔】	使用前景色在图像上绘制粗糙的高亮区域，使用背景色绘制中间色调，从而产生一种类似粉笔或碳笔绘制的素描效果
【铬黄渐变】	可以将图像处理成类似于金属合金的效果，高光部分有向外凸的效果，阴影部分则有向内凹的效果
【绘图笔】	使用细的、线状的油墨对图像进行描边，以获取原图像中的细节，产生一种类似钢笔素描的效果。此滤镜使用前景色作为油墨，使用背景色作为纸张，以替换原图像中的颜色
【基底凸现】	可以使图像产生凹凸起伏的雕刻壁画效果，用前景色填充图像中的较暗的区域，用背景色填充图像中的较亮的区域
【石膏效果】	按照三维塑料效果塑造图像，表现出立体的感觉，用前景色和背景色给图像上色，图像中的亮部表现为凹陷，暗部表现为凸出
【水彩画纸】	将产生类似于在潮湿的纸上作画时溢出的颜料效果
【撕边】	在图像的边缘部分表现出一种模拟碎纸片的效果
【炭笔】	用前景色和背景色来重新描绘图像，产生类似于用木碳笔绘制出来的效果
【炭精笔】	在图像上模拟用浓黑和纯白的炭精笔绘画的纹理效果，用前景色绘制图像中较暗的图像区域，用背景色绘制图像中较亮的图像区域
【图章】	简化图像中的色彩，使之呈现出用橡皮擦除或用图章盖印的效果，用前景色表现图像的阴影部分，用背景色表现图像的高光部分
【网状】	模拟胶片中感光显影液的收缩和扭曲可以重新创建图像，使暗调区域呈现结块状，高光区域呈现轻微的颗粒化
【影印】	模拟一种由前景色和背景色形成的图像剪影效果

10.6.8 【纹理】滤镜

【纹理】菜单下的命令可使图像的表面产生特殊的纹理或材质效果，其下包括 6 个菜单命令，每一种滤镜所产生的效果如图 10-29 所示。

原图   龟裂缝   颗粒   马赛克拼贴

拼缀图   染色玻璃   纹理化

图 10-29 　【纹理】菜单下的各滤镜效果

【纹理】菜单下的每一种滤镜的功能如表 10-8 所示。

表 10-8 　　　　　　　　　　　**【纹理】菜单下的滤镜的功能**

滤镜名称	功　　能
【龟裂缝】	模拟图像在凹凸的石膏表面上绘制的效果，并沿着图像等高线生成精细的裂纹
【颗粒】	利用颗粒使图像生成不同的纹理效果。选择不同的颗粒类型后，图像生成的纹理效果也不同
【马赛克拼贴】	将图像分割成若干个形状不规则的小块图形
【拼缀图】	将图像分解为若干个小正方形，每个小正方形都由该区域最亮的颜色进行填充，还可以调整小正方形的大小和凹陷程度
【染色玻璃】	在图像中生成类似于玻璃的效果，生成的玻璃块之间的缝隙将用前景色进行填充，图像中的细节将会随玻璃的生成而消失
【纹理化】	在图像中应用预设或自定义的纹理样式，从而生成指定的纹理效果

10.6.9 　【像素化】滤镜

【像素化】菜单下的命令可以使图像中的像素按照不同类型进行重新组合或分布，使图像呈现不同类型的像素组合效果，其下包括 7 个菜单命令，每一种滤镜所产生的效果如图 10-30 所示。

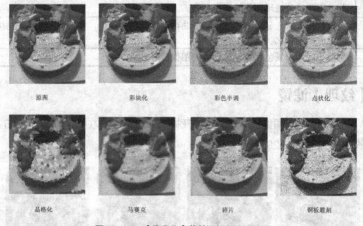

图 10-30　【像素化】菜单下的各滤镜效果

【像素化】菜单下的每一种滤镜的功能如表 10-9 所示。

表 10-9 　　　　　　　　　　　**【像素化】菜单下的滤镜的功能**

滤镜名称	功　　能
【彩块化】	将图像中的纯色或颜色相似的像素转化为像素色块，生成具有手绘感觉的效果
【彩色半调】	在图像的每个通道上模拟出现放大的半调网屏效果
【点状化】	将图像中的颜色分解为随机分布的网点，和绘画中的点彩画效果一样。网点之间的画布区域以默认的背景色来填充
【晶格化】	使图像中的色彩像素结块，生成颜色单一的多边形晶格形状
【马赛克】	将图像中的像素分解，转换成颜色单一的色块，从而生成马赛克效果
【碎片】	将图像中的像素进行平移，使图像产生一种不聚焦的模糊效果
【铜版雕刻】	将图像转换为彩色图像中完全饱和的颜色，产生一种随机的模仿铜版画的效果

10.6.10　【渲染】滤镜

使用【渲染】菜单下的命令可以在图像中创建云彩、纤维、光照等特殊效果，其下包括 4 个菜单命令，每一种滤镜所产生的效果如图 10–31 所示。

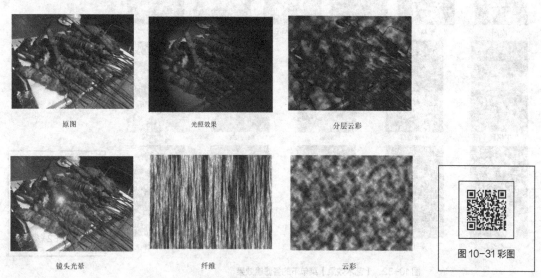

图 10-31　【渲染】菜单下的各滤镜效果

【渲染】菜单下的每一种滤镜的功能如表 10–10 所示。

表 10-10　　　　　　　　　　　　　【渲染】菜单下的滤镜的功能

滤镜名称	功　　能
【分层云彩】	在图像中按照介于前景色与背景色之间的颜色值随机生成云彩效果，还可将生成的云彩与现有的图像混合。第一次选择该滤镜时，图像的某些部分会被反相为云彩。多次应用此滤镜之后，会创建出与大理石纹理相似的叶脉效果
【光照效果】	可以制作出多种奇妙色彩的灯光效果，还可以使用灰度文件的纹理制作出类似三维图像的效果，并可以存储效果以在其他图像中使用。注意，它只能用于 RGB 颜色模式的图像中
【镜头光晕】	在图像中产生类似于摄像机镜头的眩光效果
【纤维】	前景色和背景色对当前图像进行混合处理，产生一种纤维效果
【云彩】	根据前景色与背景色在图像中随机生成类似于云彩的效果。此命令没有对话框，每次使用该命令时，所生成的云彩效果都会有所不同

10.6.11　【艺术效果】滤镜

使用【艺术效果】菜单下的命令可以使图像产生多种风格的艺术绘画效果，其下包括 15 个菜单命令，每一种滤镜所产生的效果如图 10–32 所示。

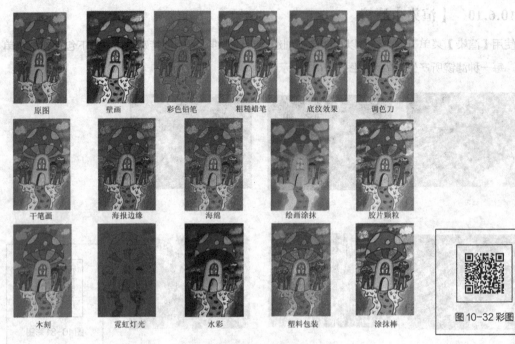

图 10-32 【艺术效果】菜单下的各滤镜效果

【艺术效果】菜单下的每一种滤镜的功能如表 10-11 所示。

表 10-11 　　　　　　　　　　　**【艺术效果】菜单下的滤镜的功能**

滤镜名称	功　　能
【壁画】	在图像的边缘添加黑色，并增加图像的反差，使图像产生古壁画的效果
【彩色铅笔】	模拟各种颜色的铅笔在图像上绘制的效果，图像中较明显的边缘被保留
【粗糙蜡笔】	模拟彩色蜡笔在带纹理的纸上绘制的效果
【底纹效果】	根据设置的纹理在图像中产生一种纹理效果，也可以用来创建布料或油画效果
【调色刀】	减少图像的细节，产生一种类似于用油画刀在画布上涂抹出的效果
【干画笔】	减少图像中的颜色来简化图像的细节，使图像呈现出类似于油画和水彩画之间的干画笔效果
【海报边缘】	根据设置的参数减少图像中的颜色数量，并查找图像的边缘，将其绘制成黑色的线条
【海绵】	在图像中颜色对比强烈、纹理较重的区域创建纹理，以模拟用海绵绘制出的效果
【绘画涂抹】	用选择的各种类型的画笔来绘制图像，产生各种涂抹的艺术效果
【胶片颗粒】	在图像中的暗色调与中间色调之间添加颗粒，使图像的色彩看起来较为均匀、平衡
【木刻】	将图像中相近的颜色用一种颜色代替，使图像呈现出由几种简单的颜色绘制而成的剪贴画效果
【霓虹灯光】	为图像添加类似霓虹灯的发光效果
【水彩】	简化图像的细节来改变图像边界的色调及饱和度，使其产生类似于水彩风格的绘画效果
【塑料包装】	给图像涂一层光亮的颜色以强调表面细节，使图像产生一种质感很强的类似被蒙上塑料薄膜的效果
【涂抹棒】	在图像中较暗的区域将被密而短的黑色线条涂抹，亮的区域将变得更亮而丢失细节

10.6.12 【杂色】滤镜

【杂色】菜单下的命令可以在图像中添加或减少杂色，以创建各种不同的纹理效果，其下包括 5 个菜单命令，所产生的效果如图 10-33 所示。

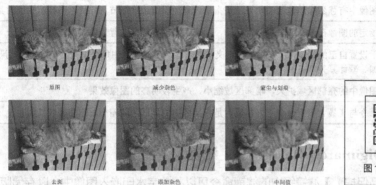

图 10-33 【杂色】菜单下的各滤镜效果

【杂色】菜单下的每一种滤镜的功能如表 10-12 所示。

表 10-12 【杂色】菜单下的滤镜的功能

滤镜名称	功　能
【减少杂色】	在不影响整个图像或各个通道的设置并保留图像边缘的同时减少杂色
【蒙尘与划痕】	更改图像中相异的像素来减少杂色，使图像在清晰化和隐藏的缺陷之间达到平衡
【去斑】	模糊并去除图像中的杂色，同时保留原图像的细节。图像较小时，效果不是很明显，将图像放大显示后，才可以观察出细微的变化
【添加杂色】	将一定数量的杂色以随机的方式添加到图像中
【中间值】	通过混合图像中像素的亮度来减少杂色。此滤镜在消除或减少图像的动感效果时非常有用

10.6.13 【其他】滤镜

【其他】菜单下的命令可以创建自己的滤镜、使用滤镜修改蒙版、使图像发生位移和快速调整颜色等。该菜单包括 5 个菜单命令，对应的滤镜所产生的效果如图 10-34 所示。

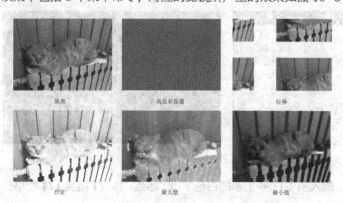

图 10-34 【其他】菜单下的各滤镜效果

【杂色】菜单下的每一种滤镜的功能如表 10-13 所示。

表 10-13　　　　　　　　　　　　　　【杂色】菜单下的滤镜的功能

滤镜名称	功　能
【高反差保留】	在图像中有强烈颜色过渡的地方，按指定的半径保留边缘细节，并且，不显示图像的其余部分
【位移】	将指定的图像在水平或垂直位置移动，图像的原位置会变成背景色或图像的另一部分
【自定】	用于设置自己的滤镜，可以根据预定义的数学运算更改图像中每个像素的亮度值。此操作与通道的加、减计算类似
【最大值】	将图像中的亮部区域扩大，暗部区域缩小，产生较明亮的图像效果
【最小值】	此命令与【最大值】命令正好相反，是将图像中的亮部区域缩小，暗部区域扩大

10.6.14　【Digimarc（作品保护）】滤镜

【Digimarc（作品保护）】滤镜组中的滤镜命令可以将数字水印嵌入图像中，以存储版权信息，其中包括【读取水印】和【嵌入水印】两个滤镜命令。

1.【读取水印】滤镜

【读取水印】滤镜用于检查图像中是否有水印。如果图像中没有水印存在，将弹出一个【找不到水印】的提示框；如果有水印存在，就会显示出创建者的相应信息。

2.【嵌入水印】滤镜

【嵌入水印】滤镜可以在图像中加入识别图像创建者的水印，每幅图像中只能嵌入一个水印。如果要在分层图像中嵌入水印，应在嵌入水印之前合并图层，否则水印将只影响当前图层。

10.7　综合案例——磨砂玻璃特效字和图形制作

微课 12
磨砂玻璃特效字
和图形制作

下面综合运用通道及各滤镜命令来制作一个磨砂玻璃效果字和图形。

1. 磨砂玻璃特效字制作

步骤① 新建一个【宽度】为"36 厘米"、【高度】为"20 厘米"、【分辨率】为"300 像素/英寸"的白色文件，然后，为"背景"层填充黑色，如图 10-35 所示。

图 10-35　新建画布

步骤② 选择横排文字工具 T，输入图 10-36 所示的白色字母，然后，执行【图层】/【栅格化】/【文字】命令，将文字层转换为普通层。

图 10-36　输入文字

步骤❸ 按住 Ctrl 键并单击字母的缩览图，加载选区，然后，单击【通道】面板中的 ⬛ 按钮，新建一个 "Alpha 1" 通道，再为选区填充白色，新建的通道如图 10-37 所示。

图 10-37　新建的通道

步骤❹ 按 Ctrl+D 组合键，去除选区，然后，执行【滤镜】/【素描】/【铬黄】命令，弹出【铬黄渐变】对话框，设置选项及参数，如图 10-38 所示。

步骤❺ 单击 ⬚确定⬚ 按钮，生成的效果如图 10-39 所示。

图 10-38　【铬黄渐变】对话框　　　　　　　图 10-39　执行【铬黄】命令后的效果

步骤❻ 按住 Ctrl 键，单击 "Alpha 1" 通道的缩览图，加载图 10-40 所示的选区。

步骤❼ 转换到【图层】面板，然后，新建 "图层 1"，再为选区填充白色，去除选区后的效果如图 10-41 所示。

图 10-40　加载的选区　　　　　　　　　　图 10-41　填充颜色后的效果

步骤⑧ 用与步骤 3 相同的方法，在【通道】面板中新建一个"Alpha 2"通道，如图 10-42 所示。

图 10-42　新建的通道

步骤⑨ 按 Ctrl+D 组合键，去除选区，然后，执行【滤镜】/【模糊】/【高斯模糊】命令，在弹出的【高斯模糊】对话框中设置选项及参数，如图 10-43 所示。

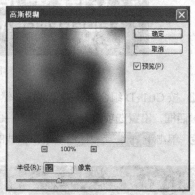

图 10-43　设置的参数

步骤⑩ 单击　确定　按钮，模糊后的字母效果如图 10-44 所示。

步骤⑪ 执行【滤镜】/【扭曲】/【玻璃】命令，弹出【玻璃】对话框，参数设置如图 10-45 所示。

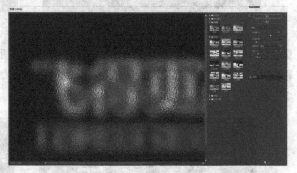

图 10-44　模糊后的字母效果　　　　　　　　图 10-45　设置的选项参数

步骤⑫ 单击　确定　按钮，生成的效果如图 10-46 所示。

图 10-46　执行【玻璃】命令后的效果

步骤⑬ 按住 Ctrl 键并单击 "Alpha 2" 通道的缩览图，加载选区，然后，转换到【图层】面板，新建 "图层 2"，再为选区填充白色，去除选区后的效果如图 10-47 所示。

图 10-47　填充颜色后的效果

步骤⑭ 按住 Ctrl 键并单击字母层的缩览图，加载选区，执行【选择】/【修改】/【扩展】命令，在弹出的【扩展选区】对话框中设置选项参数，单击 ▢确定 按钮，扩展后的选区形态如图 10-48 所示。

图 10-48　设置的扩展参数和完成的效果

步骤⑮ 单击【图层】面板中的 ▢ 按钮，为 "图层 2" 添加图层蒙版。将字母层设置为当前层，执行【滤镜】/【模糊】/【高斯模糊】命令，在弹出的【高斯模糊】对话框中设置选项参数，如图 10-49 所示。

图 10-49　添加图层蒙版和设置的模糊参数后的效果

步骤⑯ 再次按住 Ctrl 键并单击字母层的缩览图，加载选区，然后，执行【选择】/【修改】/【羽化】
命令，在弹出的【羽化选区】对话框中将【羽化半径】选项的参数设置为 "22 像素"，按 1~2 次 Delete
键，单击 确定 按钮，得到图 10-50 所示的效果。

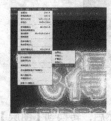

图 10-50 执行羽化后的效果

步骤⑰ 完成透明玻璃效果字的制作，如图 10-51 所示。将此文件命名为 "磨砂玻璃字.psd" 并保存。

图 10-51 制作完成的透明玻璃效果字

2. 磨砂玻璃特效图形制作

步骤① 新建一个【宽度】为 "36 厘米"、【高度】为 "36 厘米"、【分辨率】为 "300 像素/英寸"
的白色文件，然后，为 "背景" 层填充黑色。

步骤② 执行如上相同步骤制作磨砂图形效果，如图 10-52 所示。

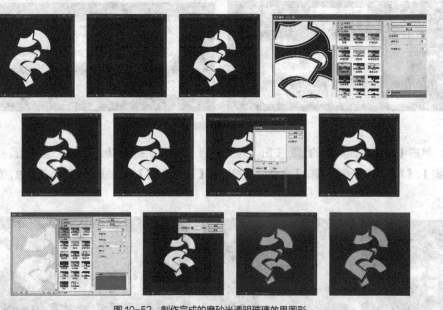

图 10-52 制作完成的磨砂半透明玻璃效果图形

小结

本章主要是对 Photoshop CS6 中的滤镜部分进行了简要的概括。学习滤镜并不需要背命令、记参数，而是要通过制作特效来慢慢地掌握。不同的参数对应不同的效果，不能死记硬背参数，要根据具体设计内容和要求设置不同的参数，要活学活用，实践多了就会有一定的经验，用起来也就会得心应手了。

习题

1. 打开素材文件中 "图库\第 10 章" 目录下的 "小院一角.jpg" 文件，动手操作一下每个滤镜命令在图像中所产生的效果，部分效果如图 10-53 所示。

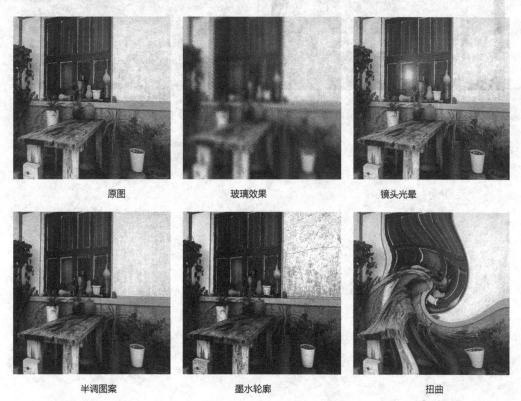

原图   玻璃效果   镜头光晕

半调图案   墨水轮廓   扭曲

图 10-53 部分滤镜效果

2. 打开素材文件中 "图库\第 10 章" 目录下的 "山.jpg" 文件。利用【滤镜】菜单栏中的【晶格化】、【自由变换】、【投影】命令等，制作一幅色彩构成效果的装饰画，效果如图 10-54 所示。

图 10-54 制作的抽象装饰画效果

11

第 11 章
打印图像、系统优化与动作

　　图像处理及作品设计的最终目的是将图像打印出来，正确地设置打印页面及打印机是保证图像被高质量打印输出的前提。利用 Photoshop 进行图像处理是一项非常复杂又非常细腻的工作。如果运用一定的系统优化操作，不但可以有效地提高图像处理的效率，而且，还能提高图像的质量。

11.1 打印图像

在打印图像之前，先要进行打印设置，如定义纸张的大小、打印图片的质量或副本数等。本节将以实例的形式来讲解利用喷墨打印机打印图像的一般操作过程。

🔒— 打印图像

步骤① 打开打印机的电源开关，确认打印机处于联机状态。

步骤② 在打印机的放纸夹中放一张 A4 尺寸（210 毫米×297 毫米）的普通打印纸。

步骤③ 打开素材文件中"图库\第 11 章"目录下的"海报.jpg"文件，如图 11-1 所示。

步骤④ 执行【图像】/【图像大小】命令，在弹出的【图像大小】对话框中设置参数，如图 11-2 所示，单击 确定 按钮。

图 11-1 打开的图片　　　　图 11-2 【图像大小】对话框

> 在【图像大小】对话框中，可以为打印的图像设置尺寸、分辨率等参数。当将【重定图像像素】复选框的勾选取消后，打印尺寸的宽度、高度与分辨率参数将成反比例设置。由于 A4 纸的宽度为 210 毫米，因此，我们将该文件的【宽度】设置为"21 厘米"，以确保图像能被完全打印。

步骤⑤ 执行【文件】/【打印】命令，弹出图 11-3 所示的【Photoshop 打印设置】对话框。

图 11-3 【Photoshop 打印设置】对话框

步骤⑥ 单击 打印设置… 按钮，将弹出图 11-4 所示的【EPSON ME 1 属性】/【主窗口】对话框。

◎ 【质量选项】栏：可根据打印要求设置合适的打印质量选项。如只打印黑白颜色的文字，可选择【文本】选项；如要打印彩色的图像，就要点选【照片】选项。

◎ 【方向】栏：用于设置打印图像是纵向打印还是横向打印。

步骤⑦ 单击【EPSON ME 1 属性】对话框中的【页面版式】选项卡，其下的选项可用于设置打印图像在打印纸中是否居中、是否缩放、打印的份数以及是否添加水印等，如图 11-5 所示。

图 11-4 【EPSON ME 1 属性】对话框　　图 11-5 【页面版式】选项卡

步骤⑧ 如勾选【EPSON ME 1 属性】/【主窗口】对话框的【打印选项】栏中的【打印预览】复选项后，单击 确定 按钮，退出【EPSON ME 1 属性】对话框，再在【Photoshop 打印设置】对话框中单击 打印(P) 按钮，将出现【打印预览】对话框。

步骤⑨ 检查【打印预览】对话框中的可打印图像在纸张中的位置，确认无误后，单击 打印(P) 按钮，即可完成"海报.jpg"图片打印。

11.2　Photoshop 系统优化

按照自己的习惯重新设置 Photoshop 的系统，可以有效地提高工作效率。利用 Photoshop 的【首选项】命令，可以设置常用的显示选项、文件处理选项、光标选项、透明度与色域选项，以及增效工具选项等。

11.2.1　常规

执行【编辑】/【首选项】/【常规】命令（快捷键为 Ctrl+K 组合键），将弹出【首选项】/【常规】对话框，如图 11-6 所示。

① 【拾色器】下拉列表中包括【Windows】和【Adobe】两个选项，【Adobe】是与 Photoshop 最匹配的颜色系统，所以，不要随意改变。

② 【HUD 拾色器】：可在文档窗口中绘画时快速选择颜色，但需要启用 OpenGL。选择【色相条纹】选项，可显示垂直拾色器；选择【色相轮】选项，则显示圆形拾色器。

③ 【图像插值】下拉列表中包括以下 5 个选项。

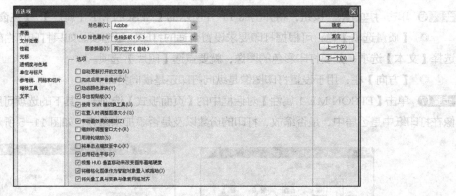

图 11-6 【常规】对话框

◎ 【两次立方（自动）】：是 Photoshop 里面的默认选项，选择此选项 Photoshop 会根据我们对图像的操作自动帮助进行选择。

◎ 【邻近（保留硬边缘）】：一种速度快但精度低的图像像素模拟方法。

◎ 【两次线性】：一种通过平均周围像素颜色值来添加像素的方法。

◎ 【两次立方（适用于平滑渐变）】：一种将周围像素值的分析作为依据的方法。

◎ 【两次立方较平滑（适用于扩大）】：一种基于两次立方插值且旨在产生更平滑效果的有效图像放大方法。

◎ 【两次立方较锐利（适用于缩小）】：一种基于两次立方插值且具有增强锐化效果的有效图像减小方法。

④ 【选项】栏包括以下几种选项。

◎ 【自动更新打开的文档】：系统会对打开的文档进行自动更新。

◎ 【完成后用声音提示】：命令操作完后，系统会发出"嘟嘟"的声音。

◎ 【动态颜色滑块】：修改颜色时，色彩滑块将平滑移动。

◎ 【导出剪贴板】：退出 Photoshop 后，软件中存入剪贴板的内容将保存在剪贴板上。

◎ 【使用 Shift 键切换工具】：此选项只对工具箱右下角有三角形的工具按钮起作用。

◎ 【在置入时调整图像大小】：在当前文件中粘贴或置入其他图像时，系统会自动处理图像的大小，以适应当前文件。

◎ 【带动画效果的缩放】：可以使图像产生平滑的缩放效果。

◎ 【缩放时调整窗口大小】：用于确定用键盘上的 Ctrl++组合键或 Ctrl+-组合键放大或缩小图像的显示比例时，图像窗口的大小是否随之改变。

◎ 【用滚轮缩放】：使用中间带滚轮的鼠标时，滑动滚轮即可缩放当前图像文件，其中，向上推动滚轮可放大图像，向下滑动滚轮可缩小图像。

◎ 【将单击点缩放至中心】：使用缩放工具时，可以将单击的图像缩放到画面中心。

◎ 【启用轻击平移】：用于设置使用抓手工具拖移图像时，释放鼠标左键后，图像也将自动滑动。

◎ 【根据 HUD 垂直移动来改变圆形画笔硬度】：垂直拖动默认改变画笔不透明度、用力，来改变画笔类工具的大小和硬度。

◎ 【将栅格化图像作为智能对象置入或拖动】：系统将创建智能对象图层。

◎ 【将矢量工具与变换与像素网格对齐】：矢量工具和变换将自动使形状与像素网格对齐。

⑤ 【历史记录】：可在其下设置存储历史记录的有关信息。

11.2.2　界面

在【首选项】对话框中选择【界面】选项，将弹出图 11-7 所示的【界面】对话框。

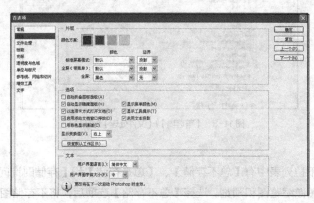

图 11-7　【界面】对话框

1. 常规

◎ 【标准屏幕模式】/【全屏（带菜单）】/【全屏】：用于设置界面在各种屏幕模式下显示的颜色和边界效果。

◎ 【用彩色显示通道】：颜色通道以相应的彩色显示。

◎ 【显示菜单颜色】：可以将设置颜色的菜单显示为彩色。

◎ 【显示工具提示】：将鼠标指针放置到某工具上时，会显示出当前工具的名称和快捷键等提示信息。

2. 面板和文档

◎ 【自动折叠图标面板】：面板在被不使用时将自动折叠为图标状态。

◎ 【自动显示隐藏面板】：可以暂时显示隐藏面板。

◎ 【以选项卡方式打开文档】：打开文档时显示全屏文档其他文档被堆叠到选项卡中。

◎ 【启用浮动文档窗口停放】：可以拖动文档的标题栏到程序窗口中。

◎ 【用彩色显示通道】：在通道面板中，将根据当前图像的颜色模式，在通道中以彩色的形式显示当前通道颜色，否则以灰度形式显示。

◎ 【显示菜单颜色】：显示菜单背景颜色。

◎ 【显示工具提示】：将鼠标指针放置在工具上停留片刻，就会出现该工具的名称。

◎ 【启用文本投影】：可以在面板标签上启用投影。

◎ 【显示变换值】：从右侧的下拉菜单中，可以指定是否变换值。

◎ 恢复默认工作区(R) ：单击此按钮，将恢复默认的工作区设置。

3. 用户界面

◎ 【用户界面文本选项】：用于设置用户界面的语言和文字大小，设置后需要重新启动系统才能生效。

11.2.3 文件处理

选择【首选项】对话框左侧的【文件处理】选项，其右侧将显示有关【文件处理】选项的设置，如图 11-8 所示。

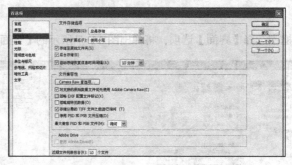

图 11-8 【首选项】/【文件处理】对话框

1. 文件存储

在【图像预览】下拉列表中有【总不存储】、【总是存储】和【存储时询问】3 个选项，用于设置在哪些情况下存储图像缩览图和预览。选择【总不存储】选项后，将不存储图像缩览图和预览；选择【总是存储】选项后，将存储图像缩览图和预览；选择【存储时询问】选项后，在存储图像文件时，将弹出询问提示对话框。

2. 文件扩展名

在【文件扩展名】下拉列表中有【使用小写】和【使用大写】两个选项，用于确定存储文件时扩展名的大小写。

◎ 【存储至原始文件夹】：勾选此复选项后，可以确定【存储为】选项的默认文件夹。

◎ 【后台存储】：勾选此复选项后，可以在工作中启用后台存储功能，并通过【自动存储恢复信息时间间隔】来指定后台存储的时间间隔，如 5 分钟、10 分钟等。

3. 文件兼容性

◎ 【存储分层的 TIFF 文件之前进行询问】：在存储 TIFF 格式分层文件时，系统将弹出提示面板，提示用户保存分层图像文件会增加文件大小，询问用户是否进行保存。

◎ 【停用 PSD 和 PSB 文件压缩】：停用压缩功能，这样文件会更大些但存储的速度可能更快。

◎ 【最大兼容 PSD 和 PSB 文件】：用于设置存储文件的兼容性。

4. 文件列表

◎ 【近期文件列表包含】：执行【文件】/【最近打开的文件】命令，可以打开最近打开过的几个文件。【近期文件列表包含】值用于设置【最近打开的文件】菜单中最多可以显示的打开文件数。

11.2.4 性能

【性能】选项的设置如图 11-9 所示。该选项主要用于设置使用 Photoshop 的内存情况，以及图像处理过程中的历史记录状况和高速缓存的级别，将鼠标指针放置到各栏区域中后，下方的【说明】窗口中将显示该栏各选项的功能。

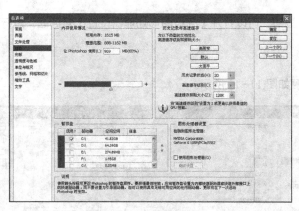

图 11-9 【性能】对话框

1. 内存使用情况

显示【可用内存】和【理想范围】信息，并可以通过【让 Photoshop 使用】右侧的文本框来设置分配给 Photoshop 的内存量，一般不建议设置数值过大，因为那样程序会运行缓慢。

2. 历史记录与高速缓存

◎ 【历史记录状态】：设置在【历史记录】面板中所能保存的历史记录的最大数量，默认值为20，表示可以保存 20 步的历史记录信息。

◎ 【高速缓存级别】：设置图像数据的高速缓存级别的数量。

◎ 【调整缓存拼贴大小】：对快速处理的具有像素大小较大和较小像素的拼贴。

3. 暂存盘

指定 Photoshop 的暂存盘，一般在内存不足的情况下设置。当内存不足时，可以通过增加暂存盘来解决。Photoshop 会将指定的硬盘空间作为内存使用，建议用户选择 C 盘以外的硬盘，并选择空间相对较大的硬盘。

4. 图形处理器设置

选择【首选项】/【性能】/【图形处理器设置】中的【使用图形处理器】命令复选框，可以激活某些功能和增强界面，如图 11-10 所示。

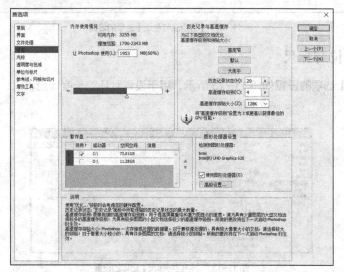

图 11-10 选中【使用图形处理器】以激活某些功能和增强界面

单击【高级设置】按钮，可以打开【高级图形处理器设置】对话框，进行高级参数的设置。

11.2.5 光标

【光标】选项的设置如图 11-11 所示。

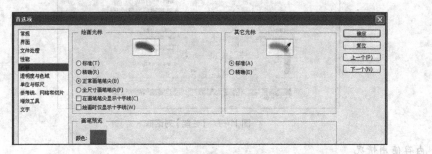

图 11-11 【光标】选项的设置

该对话框主要用于设置鼠标光标的显示形态，包括【绘画光标】和【其它光标】。

◎ 【绘画光标】用于控制光标显示形态。

◎ 【其它光标】用于控制除绘画工具之外的其他工具的光标形态。

11.2.6 透明度与色域

【透明度与色域】选项的设置如图 11-12 所示。【透明区域设置】栏用于设置网格的大小及颜色；
单击【色域警告】栏中的颜色块，可以设置新的图像颜色的色域警告色。

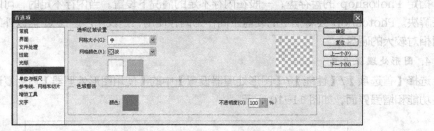

图 11-12 【透明度与色域】选项的设置

11.2.7 单位与标尺

【单位与标尺】选项的设置如图 11-13 所示，用于设置默认的长度计量单位、标尺单位及新创建
文件的预设分辨率。

图 11-13 【单位与标尺】选项的设置

11.2.8　参考线、网格和切片

【参考线、网格和切片】选项的设置如图 11-14 所示。该选项用于设置 Photoshop 中参考线和网格的颜色、样式、间隔，以及切片的颜色和是否编号等。

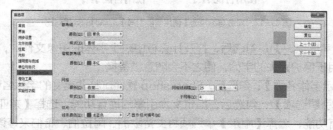

图 11-14　【参考线、网格和切片】选项的设置

11.2.9　增效工具

【增效工具】选项的设置如图 11-15 所示。

图 11-15　【增效工具】选项的设置

1．增效工具文件夹

勾选【附加的增效工具文件夹】复选项后，在打开的对话框中选择一个文件夹，再将系统重新启动，即可将一些外挂滤镜之类的插件添加到 Photoshop 中。

2．滤镜

勾选【显示滤镜库的所有组和名称】复选项后，将在滤镜菜单中显示滤镜库的所有滤镜组和名称。

3．扩展面板

◎ 【允许扩展连接到 Internet】：可允许 Photoshop 扩展面板连接到 Internet，以获取新的内容并更新程序。

◎ 【载入扩展面板】：启动时可以载入已安装的扩展面板。

11.2.10　文字

【文字】选项的设置如图 11-16 所示。

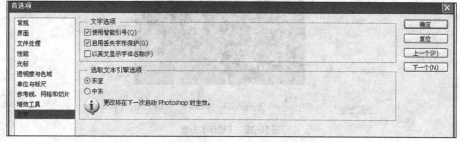

图 11-16　【文字】选项的设置

◎ 【使用智能引号】：勾选后，输入引号时将使用智能引号。图 11-17 所示为不勾选与勾选此项时，输入的引号效果。

“使用智能引号”   “使用智能引号”

图 11-17　勾选与不勾选【使用智能引号】选项时的效果对比

◎ 【启用丢失字形保护】：勾选后，打开计算机中缺少字体的图像文件时，系统将弹出缺少字体的提示对话框，用于保护丢失的字体，使之不会随意被替换。

◎ 【以英文显示字体名称】：勾选后，Photoshop 软件可将非英文的字体名称以英文进行显示。

◎ 【选取文本引擎选项】：勾选后，指定文本引擎的语言功能。选择【东亚】单选项，将支持欧洲和高级东亚语言功能；选择【中东】单选项将支持欧洲、阿拉伯、希伯来等语言功能。

11.3　动作的设置与使用

动作是让图像文件一次执行一系列操作的命令，大多数命令和工具操作都可以被记录在动作中。它可以包含停止指令，使用户去执行那些无法记录的任务，也可以包含模态控制，使用户在播放动作时在对话框中输入值。

11.3.1　【动作】面板

【动作】面板可以记录、播放、编辑和删除动作，还可以存储和载入动作。默认的【动作】面板中包含许多预定义的动作，如图 11-18 所示。执行【窗口】/【动作】命令或按 Alt+F9 组合键，即可打开或关闭【动作】面板。

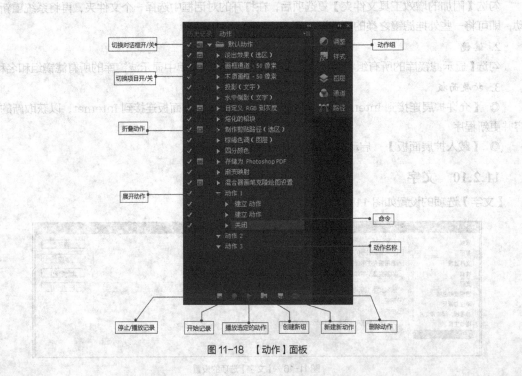

图 11-18　【动作】面板

1. 展开和折叠动作

单击【动作】面板中的组、动作或命令左侧的 ▷ 图标，可将当前关闭的组、动作或命令展开；按住 Alt 键并单击 ▷ 图标，可展开一个组中的全部动作或一个动作中的全部命令。

单击 ▷ 图标，该图标将显示为 ▼ 图标，单击此图标，可将展开的组、动作或命令关闭；按住 Alt 键并单击 ▼ 图标，可关闭一个组中的全部动作或一个动作中的全部命令。

2. 以按钮模式显示动作

默认情况下，【动作】面板是以列表的形式显示动作，用户也可以将其设置为以按钮的形式显示。具体操作是：单击【动作】面板右上角的 ▤ 按钮，然后，在弹出的菜单中执行【按钮模式】命令即可。在【动作】面板菜单中再次选择【按钮模式】命令后，可将动作以列表的形式显示。

11.3.2 记录动作

除了应用 Photoshop CS6 中设置的预定义动作外，还可以自己设置动作。在设置之前，最好创建动作组，以更好地组织和管理动作。

1. 创建新组

① 单击【动作】面板中的【创建新组】按钮 ▭ 。

② 执行【动作】面板菜单中的【新序列】命令。

执行以上任一操作，都将弹出【新建组】对话框，输入动作组的名称，然后，单击 确定 按钮，即可新建动作组。

2. 创建新动作

创建新动作组后，可以通过"记录"将所做的操作记录在该动作组中，直至停止记录。

① 单击【动作】面板中的【新建新动作】按钮 ▾ 。

② 执行【动作】面板菜单中的【新建新动作】命令。

执行以上任一操作，都将弹出图 11-19 所示的【新建动作】对话框。在该对话框中设置各选项后，单击 记录 按钮，即可在新建动作的同时开始记录动作。此时，【动作】面板中的【开始记录】按钮 ● 将显示为红色的 ● 按钮，执行要记录的操作。如果要停止记录，可单击【动作】面板底部的【停止/播放记录】按钮 ■ ，

图 11-19 【新建动作】对话框

也可以在面板菜单中执行【停止记录】命令，还可以按 Esc 键。此时，显示为红色的记录按钮将还原为关闭的状态。

若要在同一动作中继续开始记录动作，可再次单击面板底部的 ● 按钮，或者执行面板菜单中的【再次记录】命令。

11.3.3 插入菜单项目、停止和不可记录的命令

在记录动作时，还可随时插入菜单项目、停止和不可记录的命令，以完善整个动作。

1.【插入菜单项目】命令

【插入菜单项目】命令可以将复杂的菜单项目作为动作的一部分包含在内。播放动作时，菜单项目将被设置在所记录的动作中。

① 在【动作】面板中选择插入菜单项目的位置。

② 在【动作】面板中选择现有的菜单项目。

③ 执行【动作】面板菜单中的【插入菜单项目】命令。

2. 插入停止

在记录动作时可以插入停止，以便在播放动作时去执行那些无法记录的命令（如使用【绘画】工具），也可以在动作停止时显示一条短信息，提示用户需要进行的操作。

① 选择插入停止的位置。

◎ 选择一个动作的名称，在该动作的最后插入停止。

◎ 选择一个命令，在该命令之后插入停止。

② 在【动作】面板中执行【插入停止】命令，在弹出的【记录停止】对话框中，输入希望显示的信息。如果希望该选项继续执行动作而不停止，就勾选【允许继续】复选项，然后，单击 确定 按钮。

3. 插入不可记录的命令

在记录动作时，可以使用【插入菜单项目】命令将许多不可记录的命令（如【绘画】工具、视图和窗口等命令）插入到动作中。

插入的命令直到播放动作时才会执行，因此，插入命令时图像文件保持不变。命令的任何值都不会被记录在动作中。如果插入的命令有对话框，播放期间将显示该对话框，同时，暂停动作，直到单击 确定 按钮或 取消 按钮为止。

① 选择要插入菜单项目的位置。

◎ 选择一个动作名称，在该动作的最后插入项目。

◎ 选择一个命令，在该命令的最后插入项目。

② 在【动作】面板中选择【插入菜单项目】命令，在弹出的【插入菜单项目】对话框中选择一个菜单命令，然后，单击 确定 按钮。

11.3.4　设置及切换对话开/关和排除命令

记录完动作后，可设置对话开/关，以暂停有对话框的命令并在对话框中输入新的参数值。如果不设置对话的开/关，播放动作时将不出现对话框，并且，不能更改已记录的值。在使用【插入菜单项目】命令插入有对话框的命令时，不能停用其对话开/关。另外，记录动作后，还可以排除不想播放的命令。

1. 设置及切换对话开/关

在能弹出对话框的命令名称的左侧框中单击，当显示 图标时，即完成对话开/关的设置，再次单击可删除对话开/关。在组或动作名称左侧的框中单击，可打开（或停用）组或动作中所有命令的对话开/关。对话开/关以 图标表示，如果动作和组中的可用命令只有一部分是对话开/关，这些动作和组将显示红色的 图标。

2. 排除命令

在命令列表处于展开状态时，单击所要排除命令左侧的勾选标记 ，取消其勾选状态，即可排除此命令。再次单击，可使该命令被包括。若要排除或包括一个动作中的所有命令，可单击该动作名称左侧的勾选标记 。

排除某个命令后，其勾选标记将消失，同时，上一级动作的勾选标记将显示为红色 。

11.3.5　播放动作

播放动作就是执行【动作】面板中指定的一系列命令，也可以播放单个命令。如果播放的动作中包括对话开/关，就可以在对话框中指定值。

1. 播放整个动作

在【动作】面板中选择要播放的动作名称，然后，单击面板底部的 ▶ 按钮或在面板菜单中选择【播放】命令。如果为一个动作指定了组合键，就可使用组合键播放该动作。

在【动作】面板中选择多个动作后，单击面板底部的 ▶ 按钮或在面板菜单中选择【播放】命令，可一次播放多个动作。

2. 播放动作中的单个命令

在【动作】面板中选择要播放的命令，然后，按住 Ctrl 键并单击面板底部的 ▶ 按钮，或者按住 Ctrl 键并用鼠标双击该命令，即可播放此命令。在【按钮模式】中，单击一个按钮即可执行整个动作，但不执行先前已排除的命令。

11.3.6 编辑动作

记录动作后，还可以对动作进行编辑，如重新排列动作或命令的执行顺序，对组、动作或命令进行复制、删除、更改动作或组选项等。

1. 重新排列动作和命令

在【动作】面板中重新排列动作或动作中的命令可以更改它们的执行顺序。

将动作或命令拖曳到位于另一个动作或命令之前或之后的新位置，当要放置的位置出现双线时释放鼠标左键，即可将该动作或命令移动到新的位置。利用这种方法，还可以将动作拖曳到另一个组或将命令拖曳到另一个动作中。

2. 复制组、动作或命令

对于需要多次执行的组、动作或命令，可通过执行下列任一种操作将其复制。

① 按住 Alt 键并将组、动作或命令拖曳到【动作】面板中的新位置，当要放置的位置出现双线时，释放鼠标左键。

② 选择要复制的组、动作或命令，然后，在【动作】面板中选择【复制】命令，复制的组、动作或命令即出现在原来的位置之后。

③ 将要复制的组、动作或命令拖曳至【动作】面板底部的 🗐 按钮上。复制的组、动作或命令即出现在原来的位置之后。

3. 删除组、动作和命令

对于不再需要的组、动作或命令，可通过执行下列任一种操作将其从【动作】面板中删除。

① 选择要删除的组、动作或命令，然后，单击 🗑 按钮，在弹出的询问面板中单击 | 确定 | 按钮。

② 选择要删除的组、动作或命令，按住 Alt 键并单击 🗑 按钮。

③ 将要删除的组、动作或命令拖曳到 🗑 按钮上。

④ 选择要删除的组、动作或命令，然后，在面板菜单中选择【删除】命令。选择【清除全部动作】命令，可删除【动作】面板中的全部动作。

4. 更改动作或组选项

① 在【动作】面板中选择动作，然后，在面板中执行【动作选项】命令，即可在弹出的【动作选项】对话框中为选择的动作输入一个新的名称，或者设置新的键盘快捷键和按钮颜色。

② 在【动作】面板中选择组，然后，在面板中执行【组选项】命令，即可在弹出的【组选项】对话框中为选择的组输入一个新的名称。

11.3.7　管理动作

默认情况下，【动作】面板中只显示预定义的动作，但可以载入其他动作，也可以将设置的动作保存，还可以设置动作的播放速度。

图 11-20　【回放选项】对话框

1．设置回放选项

【回放选项】命令提供了3种播放动作的速度，当处理包含语音注释的动作时，可以指定播放语音注释时动作是否暂停。在【动作】面板中选择【回放选项】命令，将弹出图 11-20 所示的【回放选项】对话框。

2．存储动作组

在【动作】面板中选择要保存的动作组，然后，在面板中执行【存储动作】命令，再在弹出的【存储】对话框中为该组输入名称并选择一个保存位置，最后，单击 保存(S) 按钮，即可将该动作组保存。

可以将动作组存储在任何位置，但如果将其保存在 Photoshop CS6 程序的【预设】/【动作】文件夹中，重新启动应用程序后，该动作组将显示在【动作】面板的底部。

3．载入动作组

在需要执行预定义的其他动作时，可以将其所在的动作组载入。载入方法有下列两种。

① 在【动作】面板中执行【载入动作】命令，选择要载入的动作组文件，然后，单击 载入(L) 按钮（Photoshop 动作组文件的扩展名为".atn"）。

② 在【动作】面板底部选择动作组。

4．将动作恢复到默认组

在【动作】面板中执行【复位动作】命令，再在弹出的面板中单击 确定 按钮，即可用默认组替换【动作】面板中的当前动作。若单击 追加(A) 按钮，则可将默认动作组添加到【动作】面板中的当前动作中。

5．替换动作组

在【动作】面板中执行【替换动作】命令，即可用选择的动作组替换【动作】面板中的当前动作。

小结

本章主要讲述了打印图像、系统优化及动作设置与使用的内容，包括打印图像操作、Photoshop CS6 系统优化设置、动作的设置与使用等。打印设置中的分辨率、输出质量、纸张选择、精度等选项直接决定了打印输出图像品质的高低，往往很多操作者因操作失误或不熟悉导致输出的图像质量不高，所以，希望读者能在掌握图像处理的前提下，熟练掌握并能结合不同输出对象的实际情况有选择性和针对性地灵活运用相关操作方法，提高工作效率和实践质量。

习题

1．打开素材文件中"图库\第 11 章"目录下的"五月的风.jpg"文件，然后，利用【打印】命令对其进行打印输出。

2．结合实际案例练习【动作】面板中各个命令的使用。